土质边坡
降雨入渗数值模拟

田东方　著

www.waterpub.com.cn

·北京·

内 容 提 要

本书系统地介绍了边坡降雨入渗相关理论和分析方法。为模拟降雨条件下边坡非饱和渗流和坡面径流过程，本书基于土体非饱和渗流和坡面径流理论以及有限单元法，构建了坡体渗流和坡面径流同步求解模型，实现了边坡地表水、壤中水和地下水等三水转换问题的数值模拟。利用所建方法，研究了雨强、土体渗透性、初始含水率、坡面糙率、坡角等因素对边坡降雨入渗和径流过程的影响规律；在同步求解模型的基础上，实现地表排水沟排水模拟，并对不同情形的排水效果进行了模拟；为考虑径流对渗流的影响，对现有模拟方法进行了修正，从而能更加准确地模拟降雨时滑坡渗流场的演化过程。

本书可供从事水利水电、土木工程、环境工程等科研人员、高校师生及勘测设计人员参考。

图书在版编目（CIP）数据

土质边坡降雨入渗数值模拟 / 田东方著. -- 北京：
中国水利水电出版社，2019.4
ISBN 978-7-5170-7646-9

Ⅰ．①土… Ⅱ．①田… Ⅲ．①土坝－边坡稳定性－降雨－下渗－数值模拟 Ⅳ．①TV698.2

中国版本图书馆CIP数据核字 (2019) 第073708号

书　　　名	**土质边坡降雨入渗数值模拟** TUZHI BIANPO JIANGYU RUSHEN SHUZHI MONI
作　　　者	田东方　著
出 版 发 行	中国水利水电出版社 （北京市海淀区玉渊潭南路1号D座　100038） 网址：www.waterpub.com.cn E-mail：sales@waterpub.com.cn 电话：(010) 68367658（营销中心）
经　　　售	北京科水图书销售中心（零售） 电话：(010) 88383994、63202643、68545874 全国各地新华书店和相关出版物销售网点
排　　　版	中国水利水电出版社微机排版中心
印　　　刷	清淞永业（天津）印刷有限公司印刷
规　　　格	170mm×240mm　16开本　8.75印张　167千字
版　　　次	2019年4月第1版　2019年4月第1次印刷
定　　　价	**48.00元**

前 言

　　本人所在科研团队早在 2000 年就开始紧密围绕三峡库区滑坡灾害防治的重大需求，针对水库型滑坡的诱发机理及预测评价这一关键科学问题，依托国土资源部、国家自然科学基金委员会、国家重点基础研究发展计划（973 计划）等多项课题，专注于考虑降雨及库水位变动条件下的滑坡演化力学过程，采用野外调查、室内试验、物理模拟、数值模拟及理论分析等综合手段，对水库蓄水诱发滑坡复活机理、滑坡复活判据及空间预测评价开展了系统研究。

　　降雨条件下坡体渗流和坡面径流过程，涉及到地表水、壤中水和地下水等三水转换，是诸多工程问题的研究基础。对这一过程开展数值模拟研究，有助于再现边坡土体渗流和边坡径流过程，揭示三水转换规律，不仅是进一步评价边坡稳定性的基础，也为模拟坡耕地污染物迁移和坡地土壤水土流失过程提供支撑。但是边坡降雨入渗过程，影响因素诸多，例如降雨强度、边坡形态、边坡土体渗透特性等；而且坡面径流和坡体渗流互为影响、相互作用，因而十分复杂，亟待深入研究。本人有幸于 2005 年加入科研团队后，依托上述研究课题以及湖北省教育厅重点项目（D20191204），致力于非饱和土边坡降雨入渗和坡面径流过程的数值模型和模拟方法研究，本书即为研究的主要成果。

　　全书共分 6 章。第 1 章阐述降雨条件下边坡非饱和渗流和坡面径流问题的研究意义，并对上述相关问题的研究进行了概述。第 2 章主要介绍描述坡面径流过程的基本理论，包括坡面径流的相关理论及其发展、运动波模型的推导以及简单条件下运动波模型的解析解；还包括非饱和土渗流的基本理论，包括 Richards 方程、非饱和土渗透特性等。第3章主要介绍坡面径流与非饱和渗流过程的有限元模拟，包括运动波方程有限元和特征有限元数值模拟；以及 Richards 方程的有限元模拟，并介绍了 Richards 方程数值模拟中应对数值震荡和质量不守恒的技巧。第4章主要介绍土体入渗理论和计算模型，着重介绍了应用较为广泛的 Green—Ampt 模型及其改进，以及在边坡降雨入渗模拟中的应用。第5章总结了边坡非饱和渗流和坡面径流过程有限元法模拟研究的成果，着重阐述三维同步求解模型的构建，以及该模型在边坡降雨入渗中影响因素研究和排水沟数值模拟中的应用。第6章针对现有边坡降雨入渗数值模型未能考虑径流流量补给的缺陷，在简化模型和同步求解模型的基础上，分别建立了二维和三维情形下、考虑径流流量补给的数值模型；并对简单算例和实际滑坡的降雨入渗过程进行了数值模拟。

在研究过程中，刘德富教授和郑宏研究员从课题立项、研究思路、研究方法及成果提炼全过程、全方位给予了精心指导，才使得课题能够顺利完成并取得高质量成果，在本书完成之际，在此表达发自内心的尊敬和衷心的感谢！

本项研究还得到了三峡大学水利与环境学院院长彭辉教授、王世梅教授等各级领导及同事的关心、帮助和支持！在此一并表示衷心的感谢！

本书的出版得到了三峡大学水利与环境学院经费的支持，在此表示衷心的感谢！

由于作者写作水平有限，疏漏之处在所难免，恳请专家和读者批评指正。

作者

2019 年 1 月

目 录

第1章

绪　论

本章主要阐述降雨条件下，边坡降雨入渗中的坡体渗流和坡面径流问题的研究意义，并对上述相关问题的研究进行了概述。

1.1　研究意义

我国山地丘陵占到了国土面积的约 2/3[1]，人们在这些地区开展生产实践活动，必然会遇见诸多工程问题。这些必须面临和解决的问题，包括滑坡等地质灾害问题、水体农业非点源污染等环境问题、坡地的水土流失等土壤学问题等。而这些问题的研究，都离不开边坡降雨入渗过程的模拟，包括坡体渗流和坡面径流等两方面的研究。

1. 滑坡等地质灾害问题

滑坡和泥石流与地震、火山并称为人类三大地质灾害。滑坡一旦发生往往造成灾难性后果。如意大利瓦依昂水库建成蓄水后，1963 年 10 月发生了方量约 2.7 亿 m³ 的滑坡，造成 2000 余人死亡，工程失效[2]。又如 2003 年 7 月 13 日，在多日暴雨和三峡水库完成初期蓄水至 135m 高程的影响下，三峡库区秭归县青干河发生千将坪滑坡（图 1.1.1），方量达 1500 万 m³，最大滑速达 16m/s，最高涌浪达 24.5m；滑坡堵塞青干河，造成 10 人死亡、14 人失踪，摧毁 129 间民房以及 4 个工厂，致 1200 人无家可归[3]。

滑坡（边坡）的稳定性受边坡的物质、结构、环境等条件的综合影响，边坡的物质条件和结构条件是边坡本身固有的，具有相对稳定性，它们的特性决定着边坡稳定现状；环境条件主要包括降雨、地震以及库水位涨落、人工开挖和堆载等人类活动等方面，是诱发滑坡的最活跃因素；其中降雨和库水位涨落这两个因素最为常见。大量统计资料表明，绝大多数滑坡是发生在降雨期间或降雨之后，一个地区的滑坡发育程度有随雨量而增强的规律。如湖北西部地区，大致以长江为界，其北部多年平均降雨量一般为 800~1000mm，局部为 1200mm；南部多年平均降雨量 1100~1400mm，部分地区达 1600~1800mm。滑坡资料统计结果表明，北部的平均滑坡密度为 1 个/km²，南部为 2 个/km²；

图 1.1.1 三峡库区秭归县青干河千将坪滑坡

滑坡总体积,北部为 $14400\mathrm{m}^3/\mathrm{km}^2$,南部为 $53400\mathrm{m}^3/\mathrm{km}^2$[4]。在日本 1981 年和 1982 年统计的 198 处滑坡灾害中,与降雨有关的滑坡就达 195 处,占总数的 98%[5]。因此,降雨是诱发边坡失稳的重要因素之一。

降雨入渗对岩质边坡的不利因素主要可归纳为两方面:一方面,降雨降低了岩体结构面的强度,边坡稳定性的控制因素是岩体结构面的抗剪强度,硬结构面的抗剪强度基本不受水的影响,但软结构面的充填物质遇水软化,结构面的抗剪强度明显降低;另一方面,降雨入渗对岩坡内孔隙压力有影响,雨水入渗将改变坡体的渗流场,使坡体内水荷载增大,致使边坡失稳。降雨入渗对土质边坡的不利影响主要体现为降雨导致渗流场变化,使得更多的土体转向饱和状态,从而引起作用在土体上水荷载的增大和土体抗剪强度的降低。因为一般来说非饱和土体的抗剪强度与土体的饱和度密切相关,而且随着土体饱和度的增加,土体抗剪强度减小。由上可知,降雨作为诱发边坡失稳的重要因素之一,是通过改变坡体的渗流场,加大坡体内水荷载和降低结构面或土体强度,进而导致边坡失稳。要准确评价滑坡稳定性、深入研究降雨诱发滑坡的机理,就必须弄清降雨入渗时边坡渗流场的演化规律。

2. 水体农业非点源污染问题

水体污染是一个世界性难题,非点源污染对水环境的影响日益突出,尤其是因化肥施用和水土流失引起的非点源氮磷污染,即农业非点源污染。在美国,非点源污染约占污染负荷总量的 2/3,其中农业非点源污染占非点源负荷总量的 68% ~ 83%[6],丹麦的 270 条河流中 94% 的总氮(total nitrogen,TN)和 52% 的总磷(total phosphorus,TP)来自农业非点源污染[7],荷兰的农业非点源污染 TN 和 TP 分别占污染负荷总量的 60% 和 40%[8,9]。据 2010

年 2 月三部委联合发布的第一次全国污染源普查公报[10]:我国农业污染源排放化学需氧量(chemical oxygen demand,COD)1324.09 万 t、总氮 TN270.46 万 t、总磷 TP28.47 万 t,分别占总量排放的 43.7%、57.2%、64.9%。我国 2/3 的水库处于中营养状态,1/3 的水库处于富营养状态,各大湖泊均处于不同程度的富营养化状态[11],图 1.1.2 为三峡库区支流发生的水华现象。各湖库氮磷污染物输入量中,非点源 TN 和 TP 的贡献率在密云水库为 66% 和 86%[12],巢湖为 74% 和 68%[13,14],洱海为 97% 和 93%[15],太湖为 64% 和 33%[16],滇池为 53% 和 77%[17],50% 以上来自于农业非点源污染,严重影响淡水资源的可利用性[18]。

 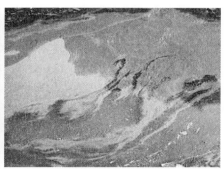

(a)三峡支流大溪河发生水华 　　　　　(b)三峡库区支流因磷矿排污爆发水华

图 1.1.2　三峡库区支流发生的水华现象

非点源污染又称面源污染,主要由土壤泥沙颗粒、氮磷等营养物质、农药、各种大气颗粒物等组成,通过地表径流、土壤侵蚀、农田排水等方式进入水、土壤或大气环境。非点源污染是降雨产汇流引起的环境效应,它的发生与传输将受到降雨、径流、入渗等水文气候因子的影响;当然还受到污染物本身的背景含量、赋存形态影响。其中降雨是非点源污染产生的驱动力,降雨产生的径流和泥沙是污染物输移的载体,地表土壤是污染物存在的母体。受降雨溅蚀、产汇流侵蚀作用,可溶性污染物随降雨径流流失,径流对土壤中污染物有浸提和解吸作用,吸附态污染物随泥沙侵蚀迁移,同时降雨过程中土体内污染物随降水入渗产生淋溶垂直迁移。对坡地而言,降雨径流过程、泥沙侵蚀过程、土壤入渗过程和污染物输移过程,它们之间密切相关。由于坡耕地在我国农业生产活动中占据了十分重要的地位[19],因此边坡降雨入渗和径流过程是农业非点源污染运移过程模拟的重要基础。

3. 坡地的水土流失等土壤学问题

水土流失,也称土壤侵蚀,是指由水、重力和风等外界力引起的水土资源破坏和损失。土壤基本上是一种不可再生的自然资源,在自然条件下,生成

1cm 厚的土层需要 120～400 年的时间。水土流失严重地威胁着人类的生存与发展，已引起了世界各国的普遍关注。我国作为世界上水土流失最为严重的国家之一，每年流失土壤占世界总量的 1/12，每年入海泥沙亦占世界陆地入海泥沙总量的 1/2。新中国成立以来，我国水土流失面积不断扩大，其中水蚀面积由 20 世纪 50 年代的 116 万 km² 扩大到 1996 年的 182.6 万 km²，严重的水土流失制约着经济的可持续发展，加剧各类灾害发生，导致贫穷和环境恶化[20]。

水力侵蚀是土壤侵蚀的主要形式之一，主要包括雨滴溅蚀、片蚀、坡面径流侵蚀和沟道侵蚀[21]。而坡面径流侵蚀是水力侵蚀的主要方式，是由水流引起的土壤表面物质的移动，主要由降雨引起。当降雨强度大于入渗率时，就会出现地表径流。对坡地土壤而言，降雨是导致土壤颗粒分离的主要因素，而径流则是造成土壤颗粒输移，是土壤水蚀的主要力学因素。研究坡面径流有助于从力学的角度研究坡面水土流失的机理，从而能更好地控制这类灾害。

总之，降雨条件下坡体渗流和坡面径流过程，是诸多工程问题的研究基础。对这一过程开展数值模拟研究，有助于再现水在坡面和坡体的运移，揭示地表水-壤中水-地下水等三水转换过程，是进一步评价边坡稳定性、模拟坡耕地污染物迁移和坡地土壤水土流失过程重要基础。但是边坡降雨入渗过程，影响因素诸多，例如降雨强度、边坡形态、边坡土体渗透特性等；而且坡面径流和坡体渗流互为影响、相互作用，因而十分复杂，亟待深入研究。

1.2 相关研究概述

坡面径流是水文学、土壤侵蚀与水土保持等领域的研究课题之一。最早进行坡面浅水层研究的是美国的 Horton，他通过研究指出天然坡面上的坡面流是处于层流和紊流之间的一种流态，并给出了相应的单宽流量与水深间的关系方程。20 世纪 60 年代以前，坡面流数学模型中一般均使用圣维南方程，但该方程求解过于复杂，且很难描述微地貌对径流过程的影响，因此简化模型逐渐被引入坡面流运动研究。在各种简化模型中，比较突出的一种是由 Lighthill 和 Witham 于 1955 年提出的运动波模型[22]，它实际上是圣维南方程的一种近似，随后许多学者对运动波模型开展了进一步研究，到 80 年代末该模型才日臻完善，是目前最常用的坡面流模型。因此，本书中采用运动波模型作为描述坡面径流过程的控制方程。

非饱和渗流在很多领域都有应用，例如土壤学、岩土和水利工程等。1856 年，法国工程师达西（Herri Darcy）线性渗流理论。1889 年，H. E. 茹可夫斯基首先推导了渗流的微分方程。1931 年，Richards[23] 将 Darcy 定律推广应用到非饱和情形，并建立了非饱和渗流的控制方程，即 Richards 方程。随后，基于 Richards 方程的饱和-非饱和渗流得到深入研究，并成功地应用到许多实际工程。近年来，非饱和渗流理论朝着更广更深方向发展。更广是指与其他物理力学过程深度融合，例如人们构建了水力热等多场耦合理论及模型；更深是指从多尺度角度深入研究渗流过程，包括细观和微观尺度。考虑到 Richards 方程作为非饱和土渗流控制方程在边坡工程中有着大量应用并取得了很多成绩，其精度满足工程需要且兼具简洁的优点。因此，本书采用 Richards 方程描述边坡土体非饱和渗流过程。

对运动波模型或 Richards 方程的求解有解析法和数值模拟两种。解析解只适用于简单求解域、初始和边界条件；但能让人们更加深刻的认识解的性质，也为试验和数值解提供验证。可求解运动波模型和 Richards 方程的数值方法有很多，有限单元法即为其中之一。1943 年，Crount 提出了有限元的基本思想；1960 年克劳夫最先采用"有限单元法"这个名称。由于有限元法可以适应复杂边界且具有易于编程的特点，随着计算机技术的快速发展和普及，该方法已被广泛应用于几乎所有的科学技术领域。在渗流模拟方面，1965 年津柯维茨和张提供了将有限元用于渗流分析的数学基础；1973 年，Neuman 最早将有限元方法应用到求解饱和-非饱和渗流问题，并针对 Richards 方程的高度非线性提出了数值处理技巧。经过多年发展，有限单元法在模拟各类数学物理方程也愈加成熟和可靠。

对土体降雨入渗问题的研究已有百年多历史。最初人们开展大量实验，并拟合出许多经验公式用于描述入渗过程；这些经验模型的普适性往往不够。Green 等人[24]通过对土壤入渗过程的深入研究，于 1911 年提出了 Green - Ampt 模型；该模型的参数具备一定物理意义且较易获取，因而为人们接受并得到了更多的研究与发展[25,26]。有学者基于该模型提出了适用于边坡降雨入渗过程的修正模型[27,28]。但这些模型大多仅适用于一维的简单问题。Richards 方程被提出后，相关学者将该方程用于模拟边坡降雨入渗过程[29-31]；由于坡面径流，坡面积水深度往往被忽略不计；借助于数值方法，人们可以描述更加复杂条件下的二维和三维边坡降雨入渗过程。为了描述坡面径流和坡体渗流耦合过程，有学者则基于 Richards 方程和运动波模型，构建了坡面径流与坡体渗流耦合求解模型[32-38]。总体来讲，边坡降雨入渗研究朝着可以描述多过程、解决复杂实际问题的方向发展。

参 考 文 献

［1］ 谢俊奇. 中国坡耕地［M］. 北京：中国大地出版社，2005.

［2］ 钟立勋. 意大利瓦依昂水库滑坡事件的启示［J］. 中国地质灾害与防治学报，1994

（2）：77 - 84.

［3］ 肖诗荣，刘德富，胡志宇. 三峡库区千将坪滑坡高速滑动机制研究 ［J］. 岩土力学，2010，31（11）：3531 - 36.

［4］ 童富果. 降雨条件下坡面径流与饱和-非饱和渗流耦合计算模型研究 ［D］. 宜昌：三峡大学，2004.

［5］ 黄玲娟，林孝松. 滑坡与降雨研究 ［J］. 湘潭师范学院学报（自然科学版），2002（04）：55 - 62.

［6］ GILLILAND M W，BAXTER - POTTER W. A Geographic Information System to Predict Non - Point Source Pollution Potential ［J］. Journal of the American water resources association，1987，23（2）：281 - 91.

［7］ Kronvang B K，GRAESBØLL P，Larsen S E，et al. Diffuse Nutrient Losses in Denmark ［J］. Water science & technology，1996，33（4 - 5）：81 - 88.

［8］ 崔键，马友华，赵艳萍，等. 农业面源污染的特性及防治对策 ［J］. 中国农学通报，2006，22（1）：33 - 35.

［9］ 朱万斌，王海滨，林长松，等. 中国生态农业与面源污染减排 ［J］. 中国农学通报，2007，23（10）：184 - 87.

［10］ 中华人民共和国环境保护部，中华人民共和国国家统计局，中华人民共和国农业部. 第一次全国污染源普查公报 ［R］. 2010.

［11］ 董亮. GIS 支持下西湖流域水环境非点源污染研究 ［D］. 杭州：浙江大学，2001.

［12］ 付仕伦. 北京市密云水库库区非点源污染分析研究 ［D］. 北京：北京林业大学，2008.

［13］ 殷福才，张之源. 巢湖富营养化研究进展 ［J］. 湖泊科学，2003，15（4）：37 - 84.

［14］ 王晓辉. 巢湖流域非点源 N、P 污染排放负荷估算及控制研究 ［D］. 合肥：合肥工业大学，2006.

［15］ 唐莲，白丹. 农业活动非点源污染与水环境恶化 ［J］. 环境保护，2003（3）：18 - 20.

［16］ 许海，刘兆普，焦佳国，等. 太湖上游不同类型过境水氮素污染状况 ［J］. 生态学杂志，2008，27（1）：43 - 49.

［17］ 于峰，史正涛，彭海英. 农业非点源污染研究综述 ［J］. 环境科学与管理，2008，33（8）：54 - 58.

［18］ 仓恒瑾，许炼峰，李志安，等. 农业非点源污染控制中的最佳管理措施及其发展趋势 ［J］. 生态科学，2005，24（2）：173 - 77.

［19］ 谢梅香，张展羽，张平仓，等. 紫色土坡耕地硝态氮的迁移流失规律及其数值模拟 ［J］. 农业工程学报，2018，34（19）：147 - 54.

［20］ 吴震，王来贵，陈虎维. 坡面土壤侵蚀力学模型 ［J］. 辽宁工程技术大学学报，2006（s2）：129 - 31.

［21］ 吴震. 坡面水土流失力学机理与模型研究 ［D］. 阜新：辽宁工程技术大学，2007.

［22］ LIGHTHILL M J，WHITHAM G B. On Kinematic Waves. I. Flood Movement in Long Rivers ［J］. Proceedings of the royal society of london a mathematical physical & engineering sciences，1955，229（1178）：281 - 316.

［23］ RICHARDS L A. Capillary Conduction of Liquids through Porous Mediums ［J］.

Physics，1931，1 (5)：318.

[24] HEBER G W，AMPT G A. Studies on Soil Physics [J]. The journal of agricultural science，1911，4 (1)：24.

[25] MEIN R G，LARSON C L. Modeling infiltration during a steady rain [J]. Water resources research，1973，9 (2)：384 - 394.

[26] ALMEDEIJ J，ESEN I I. Closure to "Modified Green - Ampt Infiltration Model for Steady Rainfall" by J. Almedeij and I. I. Esen [J]. Journal of hydrologic engineering，2014，20 (4)：07014011.

[27] CHEN L，YOUNG M H. Green - Ampt infiltration model for sloping surfaces [J]. Water resources research，2006，42 (7)：887 - 896.

[28] 张洁，吕特，薛建锋，等. 适用于斜坡降雨入渗分析的修正 Green - Ampt 模型 [J]. 岩土力学，2016，37 (9)：2451 - 2457.

[29] 姚海林，郑少河，李文斌，等. 降雨入渗对非饱和膨胀土边坡稳定性影响的参数研究 [J]. 岩石力学与工程学报，2002，21 (7)：1034 - 39.

[30] TSAI T L，YANG J C. Modeling of rainfall - triggered shallow landslide [J]. Environmental geology，2006，50 (4)：525 - 534.

[31] 唐栋，李典庆，周创兵，等. 考虑前期降雨过程的边坡稳定性分析 [J]. 岩土力学，2013 (11)：3239 - 3248.

[32] VANDERKWAAK，JOE E. Numerical Simulation of Flow and Chemical Transport in Integrated Surface - Subsurface Hydrologic Systems [D]. Waterloo：Canada：Department of Earth Science，University of Waterloo，1999.

[33] PANDAY S，HUYAKORN P S. A fully coupled physically - based spatially - distributed model for evaluating surface/subsurface flow [J]. Advances in water resources，2004，27 (4)：361 - 382.

[34] 张培文，刘德富，郑宏，等. 降雨条件下坡面径流和入渗耦合的数值模拟 [J]. 岩土力学，2004，25 (1)：109 - 113.

[35] KOLLET S J，MAXWELL R M. Integrated surface - groundwater flow modeling：A free - surface overland flow boundary condition in a parallel groundwater flow model [J]. Advances in water resources，2006，29 (7)：945 - 958.

[36] 童富果，田斌，刘德富. 改进的斜坡降雨入渗与坡面径流耦合算法研究 [J]. 岩土力学，2008，29 (4)：1035 - 1040.

[37] TIAN D F，LIU D F. A new integrated surface and subsurface flows model and its verification [J]. Applied mathematical modelling，2011，35 (7)：3574 - 3586.

[38] TIAN D F，ZHENG H，LIU D F. A 2D integrated FEM model for surface water - groundwater flow of slopes under rainfall condition [J]. Landslides，2017，14 (2)：577 - 593.

第 2 章

坡面径流与非饱和渗流基本方程

本章主要介绍描述坡面径流、非饱和渗流过程的基本理论。首先介绍坡面径流的相关理论及其发展，推导了描述坡面径流过程的运动波模型。然后介绍描述土体非饱和土渗流的基本理论，推导了非饱和渗流的控制方程，即 Richards 方程。

2.1 坡面径流基本理论

2.1.1 概述

地表径流是水文学中产汇流过程的重要组成部分，是指地表坡面水流汇集运动的过程。降雨落到地面时将经历植物截留、下渗、填洼和蒸发过程，当包气带土壤含水量达到饱和时或降雨强度超过土壤表面的下渗能力时，剩余的水分就形成地表径流。通常，地表径流由许多时合时分的细小、分散水流组成，平整坡面或大暴雨时可绵延成片状流或沟状流。

坡面径流（overland flow）是地表径流的一种，通常定义为降水扣除地面截留、填洼与下渗等损失后在坡面上形成的一种水流。有时也包括雨水在坡面上游下渗后，经过表层土壤，以壤中流的形式在坡内流向下游复又流出地面，再度形成坡面流的水流。坡面径流的经典问题是寻求坡脚在均匀旁侧入流条件下的出流过程，包括坡脚在全坡面均匀入流条件下达到平衡状态时的稳定出流、未达到平衡状态前的水流上涨过程以及入流终止后的水流退水过程。

描述坡面径流的主要物理量为径流水深和流速。径流水深是指垂直于坡面方向水的深度。由于径流水深一般较小，从几厘米到十几厘米，因此坡面径流有时也称为坡面浅水流动。流速是指水在垂直于坡面方向上的平均流动速度。单宽流量也是描述径流过程的常用物理量，用水深和流速的乘积表示。典型的坡面径流过程如图 2.1.1 所示，描述这一过程的控制方程通常有圣维南方程、运动波方程等。

研究坡面径流过程的方法包括室内试验、现场试验观测等；描述坡面径流的数学物理方程主要包括圣维南方程、运动波方程、扩散波方程等。水文学、

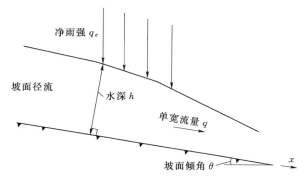

图 2.1.1　坡面径流过程示意图

土壤侵蚀与水土保持等领域的国内外学者针对坡面径流过程及其描述开展了大量试验、理论和数值模拟研究。在国内，蒋定生等[1]通过模拟降雨试验得到了入渗率与地面坡度之间的关系。蔡强国等[2]通过人工降雨试验提出了产流、产沙的临界坡度，不同坡度的产沙量、产流量与降雨历时的回归方程以及不同降雨历时的产流量与坡度的回归方程。石生新[3]根据水量平衡原理得出了不同雨强与不同水土保持措施的坡地产流模型。王百田等[4]应用坡面流的运动波理论分析了黄土区坡面实施防渗处理、拍光处理和自然坡面的产流过程，确定了模型参数。沈冰等[5]对黄土坡地产流、土壤水分运动进行了试验研究，并借助于Richards方程和一定的初始边界条件进行了数值模拟，结果表明：降雨初期，入渗受控于黄土吸力，湿润锋大致平行于坡面，长历时降雨及雨后土壤水分再分布则不能忽视重力的作用。张书函等[6]应用运动波原理简化圣维南方程组建立了坡面产流模型。刘贤赵等[7]根据1996—1997年长武王东沟坡地径流小区的实测资料，以运动波方程和Richards方程为基础建立了考虑滞后作用的二维坡地水量转化数学模型。

国外相关研究相对国内要更早一些。著名的土壤物理专家Philip[8]对山坡地入渗问题进行了研究，表明坡面的非平面性对入渗和坡地土壤水分运动影响很小，只有坡面的曲率半径小于某一值时才需要考虑。山坡水文学产流理论使人们对自然界复杂的产流现象有了深入认识。Dunne等[9]汇集了大量的野外观测和试验资料，对坡面径流现象、坡面流速等做了系统的论述，为坡地水文研究奠定了基础。Freeze[10]系统地提出了坡地水文模型，它主要包括坡面漫流和壤中流两部分模型。

2.1.2　圣维南方程

最早进行坡面浅水层研究的是美国的Horton。他认为，天然坡面上的坡面流是一种混合状态的水流，即在完全紊流的面上点缀着层流区。稳定状态的坡面流，不论是层流还是紊流，均可写成：

$$q = kh^m \tag{2.1.1}$$

式中：q 为单宽流量；h 为水深；m 为反映流态紊动程度的指数，完全紊流时 $m = 1.67$，完全层流时 $m = 3$，混合流 $m = 1.67 \sim 3$；k 为反映坡面特征、坡度、水流及黏性的综合系数。

在 m 的取值方面，有关学者做了相应研究。例如，M. 霍利认为，坡面薄层水流的流速与水深是呈正比的。1994 年，吴长文[11]在分析赵鸿雁等[12]模拟坡面流的试验槽资料发现，在低流速时（$v < 50.0 \text{cm/s}$，$h = 1.0 \sim 3.0 \text{mm}$），$v - h$ 是呈线性关系。故 m 值应取为 2，即 $q = kh^2$。

长期以来，对坡面流主要采取简化处理方法，忽略某些因素，或假定某些因素不变，并应用明渠水力学方法，结合坡面流特点做一些修正进行模拟。一般的做法是将坡面流看作一维的、恒定、非均匀沿程变量流处理。

Saint Venant 导出如下一维坡面流微分方程：

$$\begin{cases} \dfrac{\partial h}{\partial t} + \dfrac{\partial vh}{\partial x} = q_e \\[2mm] \dfrac{\partial v}{\partial t} + v\dfrac{\partial v}{\partial x} + g\dfrac{\partial h}{\partial x} = g(S_0 - S_f) - \dfrac{v}{h}q_e \end{cases} \tag{2.1.2}$$

式中：v、h 分别为坡长 x 处的流速和水深；q_e 为净雨率；g 为重力加速度；S_0、S_f 分别为坡比和水流摩阻坡比。

二维的 Saint Venant 方程如下：

$$\begin{cases} \dfrac{\partial h}{\partial t} + \dfrac{\partial q_x}{\partial x} + \dfrac{\partial q_y}{\partial y} = q_e \\[2mm] \dfrac{\partial u}{\partial t} + u\dfrac{\partial u}{\partial x} + v\dfrac{\partial u}{\partial y} + g\dfrac{\partial h}{\partial x} = g(S_{ox} - S_{fx}) \\[2mm] \dfrac{\partial v}{\partial t} + u\dfrac{\partial v}{\partial x} + v\dfrac{\partial v}{\partial y} + g\dfrac{\partial h}{\partial y} = g(S_{oy} - S_{fy}) \end{cases} \tag{2.1.3}$$

式中：h 为水深；q_x、q_y 分别为 x、y 方向的流量；q_e 为净雨率；u、v 分别为 x、y 方向的流速；g 为重力加速度；S_{ox}、S_{fx} 分别为 x 向坡比和水流摩阻坡比；S_{oy}、S_{fy} 分别为 y 向坡比和水流摩阻坡比。

Saint Venant 方程被目前国内外的研究者广泛采用，但他们忽视了圣维南方程仅适用于缓坡（一般水力学认为坡度小于 3° 为缓坡）的条件。Kenlegan、Ven 和 Emmelt 等人考虑了降雨动能对坡面流（动量方程）的影响，但因形式复杂和其他缺陷，没有得到更多的应用。吴长文[11]推导出了既适合缓坡，又适合于陡坡，既适合于裸地，又适合于植被坡面的一维坡面流基本方程：

$$\begin{cases} \dfrac{\partial h}{\partial t}+\dfrac{\partial vh}{\partial x}=q_e\cos\beta \\ \dfrac{\partial v}{\partial t}+v\dfrac{\partial v}{\partial x}+g\dfrac{\partial h}{\partial x}=g(S_0-S_f)-\dfrac{v}{h}q_e\cos\beta-\dfrac{IV_0S_0\cos\beta}{h} \\ q_e=R(t)-C(t)-f(t) \end{cases} \quad (2.1.4)$$

式中：β 为坡角；$R(t)$ 为降雨雨强；$C(t)$、$f(t)$ 分别为植被截留强度和土壤入渗率；V_0 为雨滴降到地面的速度；其他符号同前。

植被截留强度 $C(t)$ 可近似表示为

$$C(t)=(C_m-C_o)\exp(-kt) \quad (2.1.5)$$

式中：C_m、C_o、k 分别为截留容量、初始持水量和衰减指数。

土壤入渗率 $f(t)$ 可采用 Smith - Parlange[12] 模型；在第 3 章还会介绍更多模型。

$$f(x,t)=\begin{cases} R(t)-C(t) & \text{当 } t\leqslant t_p \\ f_c+B(t-t_o) & \text{当 } t>t_p \end{cases} \quad (2.1.6)$$

式中：f_c、B 分别为入渗率和常系数；t_o、t_p 分别为临界时间常数和产流时间。

2.1.3 运动波模型

20 世纪 60 年代以前，坡面流数学模型中一般均使用圣维南方程，现在仍有人在实际应用中使用完整的圣维南方程求解；然而实际的坡面水流运动因边界条件复杂，用圣维南方程求解相当困难。同时，由于坡面流水深很浅，在实际坡面流动中受微地貌影响很大，完整的圣维南方程并不一定能够很好地描述这种特殊的流动，因此，简化模型逐渐被引入坡面流运动研究，并在实际坡面流描述和运用中取得了更好的效果。

目前坡面流模拟中最常用的是运动波模型，它实际上是圣维南方程的一种近似。运动波模型最早是由 Lighthill 和 Witham 于 1955 年提出的[13]，随后许多学者对运动波模型开展了进一步研究[14-18]。按照 Lighthill 和 Witham 提出运动波的思想，如果一维流动系统的流动量 q、浓度 k（在一维流动中分别为单宽流量和水深）和空间坐标 x 三者之间存在确定的函数关系，则这种流动系统中的波动传播称为运动波，以区别于一般的动力波，如重力波、毛细波等。用连续方程和函数关系 $q=q(k,x)$ 联合描述这一流动系统的表述方式称为运动波模型。运动波在物理上和通常的动力波有一些差别。运动波的传播并没有受 Newton 第二定律的必然支配，对其描述中也没有使用 Newton 第二定律的各种形式。运动波的传播在一个空间点上只有一个波速，而通常的动力波都至少有两个波速。从数学上讲，运动波系统只有一族特征线，信息传播只有一个方向，而通常的动力波都至少有两族特征线。从物理实质上说运动波是一种简化近似，用于浅水流动中有将水流状态急流化的效果，此时水流运动的求解只需要提上游边界条件。

由于坡面单宽流量 $q = vh$，由式（2.1.2）可知，用圣维南方程组描述的坡面流连续方程可写为

$$\frac{\partial h}{\partial t} + \frac{\partial q}{\partial x} = q_e \tag{2.1.7}$$

坡面流运动方程可改写为

$$S_f = S_0 - \frac{\partial h}{\partial x} - \frac{1}{gh}\frac{\partial q}{\partial t} - \frac{1}{gh}\frac{\partial}{\partial x}\left(\frac{q^2}{h}\right) \tag{2.1.8}$$

式中：S_f 为摩阻坡度；S_0 为坡面坡度；g 为重力加速度；$\dfrac{\partial h}{\partial x}$ 为附加比降；$\dfrac{1}{gh}\dfrac{\partial q}{\partial t}$ 为时间加速度引起的坡降；$\dfrac{1}{gh}\dfrac{\partial}{\partial x}\left(\dfrac{q^2}{h}\right)$ 为位移加速度引起的坡降；$\dfrac{1}{gh}\dfrac{\partial q}{\partial t} + \dfrac{1}{gh}\dfrac{\partial}{\partial x}\left(\dfrac{q^2}{h}\right)$ 为惯性项。

式（2.1.8）在水文学中被称为运动波方程，常通过对其进行一些假设和简化求解。运动波模型将运动波方程做如下简化。

若忽略附加比降与惯性项，则运动波模型所描述的坡面径流方程为

$$\begin{cases} \dfrac{\partial h}{\partial t} + \dfrac{\partial q}{\partial x} = q_e \\ S_f = S_0 \end{cases} \tag{2.1.9}$$

根据 Darcy - Weisbach 公式有

$$S_f = S_0 = f\,\frac{q^2}{8gh^2R} \tag{2.1.10}$$

式中：f 为摩阻系数；R 为水力半径，对于坡面流，可令 $R = h$。

设坡面上水力坡度为 S，并将 $q = vh$ 代入式（2.1.10），有：

$$v^2 = 8\,\frac{1}{f}ghS \tag{2.1.11}$$

由流体力学知识可知，谢才系数 $C = \sqrt{\dfrac{8g}{f}}$ 代入式（2.1.11）：

$$v^2 = C^2 hS \tag{2.1.12}$$

而由曼宁公式可知：

$$C = \frac{1}{n_{\mathrm{man}}}R^{\frac{1}{6}} \tag{2.1.13}$$

式中：n_{man} 为曼宁糙度系数；R 为水力半径（对于坡面流就是径流水深 h）。

将式（2.1.13）代入式（2.1.12）可得

$$v = \frac{1}{n_{man}} h^{\frac{2}{3}} S^{\frac{1}{2}} \tag{2.1.14}$$

或

$$q = \frac{1}{n_{man}} h^{\frac{5}{3}} S^{\frac{1}{2}} \tag{2.1.15}$$

而对于坡角为 β 的边坡，$S = \sin\beta$，结合式（2.1.7），可得描述坡面径流的运动波模型：

$$\begin{cases} \dfrac{\partial h}{\partial t} + \dfrac{\partial q}{\partial x} = q_e \cos\beta & （连续方程） \\[2mm] q = vh = \dfrac{1}{n_{man}} h^{\frac{5}{3}} \sqrt{\sin\beta} & （动量方程） \end{cases} \tag{2.1.16}$$

式中：v、h 分别为坡长 x 处的流速和水深；q_e 为净雨率；q 为沿坡面的单宽流量；n_{man} 为坡面粗糙系数；β 为坡角。

总体上讲，由于运动波模型的方程及其数值求解方式比较简单，因此得到了很好的应用，以该模型为基础发展了众多的坡面流模型。这些模型的主要区别在于对土壤入渗过程模式的不同考虑和对坡面流阻力的不同描述。随着人们对入渗和坡面流阻力认识的不断深入，以运动波理论为基础的坡面产流动力学模型进一步得到了发展。上述描述坡面流的方程是一维的。但是一方面实际坡面通常是不平整的，水流流向并非单一方向，此时一维计算就难以满足分析的需要，而必须对其进行特殊的模拟或二维流动模拟。近年来，一些学者专门对此问题进行了研究，建立了能够较好模拟这类流动现象的坡面产流模型。另一方面是自然坡面通常本身在横向也有起伏存在，也将导致水流流向的不单一，需要用二维模型进行模拟。此外，为将建立三维坡面径流与坡体渗流整体求解模型，坡面径流的控制方程必须是二维的。因此本节引入描述二维坡面流的控制方程。

Govindaraju 等人建立了简单的坡面流运动的二维扩散波模型。Tayfur 等人采用圣维南方程建立二维坡面流模型，由于坡面流水深很小，实际上该模型还是采用了平整表面。Tayfur 等人进一步将一维运动波模型推广到二维情况：

$$\begin{cases} \dfrac{\partial h}{\partial t} + \dfrac{\partial q_x}{\partial x} + \dfrac{\partial q_y}{\partial y} = q_e \\[2mm] q_x = \dfrac{1}{n_{man}} h^{\frac{5}{3}} \dfrac{S_x^{1/2}}{[1+(S_y/S_x)^2]^{1/4}} \\[2mm] q_y = \dfrac{1}{n_{man}} h^{\frac{5}{3}} \dfrac{S_y^{1/2}}{[1+(S_x/S_y)^2]^{1/4}} \end{cases} \tag{2.1.17}$$

式中：q_x、q_y 分别为 x、y 方向的流量；h 为水深；q_e 为垂直净降雨强度，若降雨强度为 q，入渗率为 I，则 $q_e = q - I$；S_x、S_y 分别为 x、y 方向的坡

度分量；n_{man} 为坡面粗糙系数。

方程组（2.1.17）的定解条件包括初始条件和边界条件。分别为：

（1）初始条件。以开始降雨为初始点，坡面上各点无径流出现。假设坡面区域为 Ω，则

$$\begin{cases} h(x,y,t)|_{t=0}=0.0 \\ v(x,y,t)|_{t=0}=0.0 \end{cases} (x,y)\in\Omega \qquad (2.1.18)$$

（2）边界条件。边界条件可分为两类：

$$\begin{cases} 在 \Gamma_1 上: h=h_0 \\ 在 \Gamma_2 上: q_x n_x+q_y n_y=q_0 \end{cases} \qquad (2.1.19)$$

式中：Γ_1 为水深边界；Γ_2 为流量边界。

由式（2.1.17）、式（2.1.18）和式（2.1.19）构成了二维坡面径流的控制方程和定解条件。

2.2 非饱和渗流理论

解决土体渗流问题的理论主要是渗流力学。1856 年，法国工程师达西（Herri Darcy）通过实验提出了线性渗流理论，为渗流理论的发展奠定了坚实的基础。1889 年，H.E. 茹可夫斯基首先推导了渗流的微分方程。此后，许多数学家和地下水动力学科学工作者对渗流数学模型及其解析解法进行了广泛和深入的研究，并取得了一系列的研究成果。然而解析解毕竟仅适用于均质渗流介质和简单边界条件，在实用上受很大的限制。1931 年，Richards[19] 将 Darcy 定律推广应用到非饱和渗流，开创了非饱和渗流的研究。水相流所满足的控制方程随之建立起来，即 Richards 方程。基于 Richards 方程的饱和-非饱和渗流随后得到深入研究，并成功地应用到许多实际工程。本节着重介绍非饱和渗流基本理论及其 Richards 方程。

2.2.1 非饱和土壤水运动

通常认为土壤中水的流动受如下势驱动。

（1）重力势：由重力场的存在而引起的，决定于土壤中水的高度和位置，也称位置势或位置水头。

（2）压力势：由压力场中的压力差而引起的。由于饱和土中孔隙被水所充满，所以只有饱和土中的水才有压力势；对于非饱和土，由于气孔隙是连通的，各点的压力均为大气压力，因此非饱和土中的压力势为零。

（3）基质势：由土壤基质对土壤水分的吸持作用引起的。土壤基质对土壤水分的吸持机理主要是吸附作用和毛管作用。对于饱和土中基质势为零，只有

非饱和土中才存在基质势，通常为负值。

（4）溶质势：由土壤溶液中所有形式的溶质对土壤水分综合作用的结果。

（5）温度势：土壤中任一点土壤水分的温度势由该点的温度与标准参考状态的温度之差所决定。

溶质势和温度势影响较小，一般情况下不加考虑。因此，对于饱和土壤中的水，总水势或总水头由压力势和重力势组成，即：$\phi = y + h$，y 为重力势，也称位置水头，h 为压力水头。对于非饱和土壤中的水，总水势由重力势和基质势组成，则 h 为基质势。

1856 年，达西（Darcy）通过饱和砂层的渗透实验，得出了渗透速率 v 和水力梯度成正比的达西定律：

$$v = -K_s \frac{\partial h_w}{\partial y} \tag{2.2.1}$$

式中：v 为流速；$\frac{\partial h_w}{\partial y}$ 为沿 y 向的水力梯度；K_s 为饱和渗透系数。

对于三维空间问题，由广义达西定律，流速在 x、y、z 方向的分量分别为

$$\begin{cases} v_x = -k_{xx} \dfrac{\partial \phi}{\partial x} - k_{xy} \dfrac{\partial \phi}{\partial y} - k_{xz} \dfrac{\partial \phi}{\partial z} \\[2mm] v_y = -k_{yx} \dfrac{\partial \phi}{\partial x} - k_{yy} \dfrac{\partial \phi}{\partial y} - k_{yz} \dfrac{\partial \phi}{\partial z} \\[2mm] v_z = -k_{zx} \dfrac{\partial \phi}{\partial x} - k_{zy} \dfrac{\partial \phi}{\partial y} - k_{zz} \dfrac{\partial \phi}{\partial z} \end{cases} \tag{2.2.2}$$

式中：v_x、v_y、v_z 分别为 x、y、z 方向上的流速；$k_{xx} \sim k_{zz}$ 为渗透系数张量元素，其中 k_{xx}、k_{yy}、k_{zz} 也称为主渗透系数；ϕ 为总水势或总水头。

当主渗透系数方向与坐标轴方向一致时，除主渗透系数外，渗透系数张量的其他元素均为 0，若简记 k_{xx}、k_{yy}、k_{zz} 为 k_x、k_y、k_z，则式（2.2.2）可化简为

$$v_x = -k_x \frac{\partial \phi}{\partial x}; v_y = -k_y \frac{\partial \phi}{\partial y}; v_z = -k_z \frac{\partial \phi}{\partial z} \tag{2.2.3}$$

若不加说明，本文以后均属主渗透系数方向与坐标轴方向一致的情形。

达西定律也适用于非饱和土中水的流动。但在非饱和土的渗透系数一般不能假定为常数，而是含水量或基质吸力的函数，通常称为渗透性函数。

2.2.2 非饱和土壤水运动控制方程

质量守恒是物质运动和变化的普遍规律，非饱和土壤水的运动同样也遵循质量守恒定律。将达西（Darcy）定律和质量守恒定律结合起来便可导出描述

土壤水分运动的基本方程。假设岩土体为固相骨架不变形的多孔介质，只考虑水在介质中的流动，忽略气体的运动。在介质中水分流动的空间内任取一点 $(x、y、z)$，并以该点为中心取无限小的一个平行六面体。六面体的边长分别为 Δx、Δy、Δz，且和相应的坐标轴平行，如图 2.2.1 所示。分析自 t 至 $t+\Delta t$ 时间内单元体的水体质守恒问题。设单元体中心土壤水分运动通量在 3 个方向上的分量分别为 q_x、q_y、q_z，水的密度为 ρ_w。取平行于坐标平面 yoz 的两个侧面 $ABCD$ 和 $A'B'C'D'$，其面积为 $\Delta y \Delta z$。

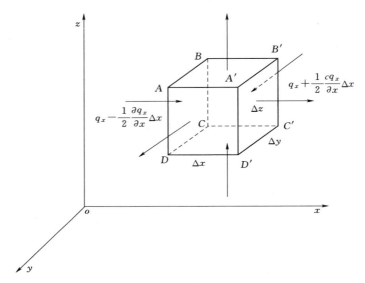

图 2.2.1 直角坐标系中的单元体

自左边界面 $ABCD$ 流入的土壤水分通量为 $q_x - \dfrac{1}{2}\dfrac{\partial q_x}{\partial x}\Delta x$，在 Δt 时间内由此流入单元体的土壤水质量为 $\rho_w q_x \Delta y \Delta z \Delta t - \dfrac{1}{2}\dfrac{\partial(\rho_w q_x)}{\partial x}\Delta x \Delta y \Delta z \Delta t$。

自右边界面 $A'B'C'D'$ 流出的土壤水分通量为 $q_x + \dfrac{1}{2}\dfrac{\partial q_x}{\partial x}\Delta x$，在 Δt 时间内由此界面流出单元体的土壤水质量为 $\rho_w q_x \Delta y \Delta z \Delta t + \dfrac{1}{2}\dfrac{\partial(\rho_w q_x)}{\partial x}\Delta x \Delta y \Delta z \Delta t$。

因此，沿 x 轴方向流入单元体和流出单元体的水分质量之差为

$$-\frac{\partial(\rho_w q_x)}{\partial x}\Delta x \Delta y \Delta z \Delta t$$

同理，可以写出沿 y 轴方向和沿 z 轴方向流入单元体与流出单元体的水分质量之差。因此在 Δt 时间内，流入和流出单元体的水分质最差总计为

$$-\left[\frac{\partial(\rho_w q_x)}{\partial x}+\frac{\partial(\rho_w q_y)}{\partial y}+\frac{\partial(\rho_w q_z)}{\partial z}\right]\Delta x\Delta y\Delta z\Delta t$$

在单元体内，水分的质量为 $\rho_w\theta\Delta x\Delta y\Delta z$，$\theta$ 为体积含水率，定义为 $\theta=\frac{V_w}{V}$；其中 V_w 为水的体积，V 为土的体积。假定土体固相骨架不变形，即 Δx、Δy、Δz 不随时间改变。因此，Δt 时间内单元体内水分质量的变化量为

$$-\frac{\partial(\rho_w\theta)}{\partial t}\Delta x\Delta y\Delta z\Delta t$$

单元体内水分质量的变化，是由流入单元体和流出单元体的水分质量之差造成的。根据质量守恒原理，两者在数值上是相等的，由此可得出水分运动的连续方程为

$$\frac{\partial(\rho_w\theta)}{\partial t}=-\left[\frac{\partial(\rho_w q_x)}{\partial x}+\frac{\partial(\rho_w q_y)}{\partial y}+\frac{\partial(\rho_w q_z)}{\partial z}\right] \tag{2.2.4}$$

假定水不可压缩，水的密度 ρ_w 为常数，此时连续方程可写为

$$\frac{\partial\theta}{\partial t}=-\left(\frac{\partial q_x}{\partial x}+\frac{\partial q_y}{\partial y}+\frac{\partial q_z}{\partial z}\right) \tag{2.2.5}$$

将式（2.2.3）表示的达西定律代入连续方程式（2.2.5）。即可得出非饱和土壤水运动控制方程基本形式：

$$\frac{\partial\theta}{\partial t}=\frac{\partial}{\partial x}\left[K_x(\theta)\frac{\partial\phi}{\partial x}\right]+\frac{\partial}{\partial y}\left[K_y(\theta)\frac{\partial\phi}{\partial y}\right]+\frac{\partial}{\partial z}\left[K_z(\theta)\frac{\partial\phi}{\partial z}\right] \tag{2.2.6}$$

式中：θ 为体积含水量；ϕ 为总水势（总水头），$\phi=z+h$，z 为重力势（位置势），h 为基质势；K_x、K_y、K_z 分别为 x、y、z 方向的渗透系数。

对于饱和土壤来说，土壤孔隙被水充满，此时含水量不再变化，即 $\frac{\partial\theta}{\partial t}=0$，由式（2.2.6）可以得出饱和土壤水流动的控制方程：

$$\frac{\partial}{\partial x}\left[K_x(\theta_s)\frac{\partial\phi}{\partial x}\right]+\frac{\partial}{\partial y}\left[K_y(\theta_s)\frac{\partial\phi}{\partial y}\right]+\frac{\partial}{\partial z}\left[K_z(\theta_s)\frac{\partial\phi}{\partial z}\right]=0 \tag{2.2.7}$$

式中：θ_s 为饱和含水率；其他符号意义同前。

式（2.2.6）即为 Richards 方程，以体积含水率 θ 和总水头 ϕ 为控制变量。式（2.2.6）的求解需要结合土水特征曲线（SWCC）建立 θ 与 ϕ 之间的关系，再结合相应初始和边界条件才能进一步求解。

通常非饱和渗流问题的边界有两种类型，一是总水头边界，由式（2.2.8）给出；二是流量边界，由式（2.2.9）给出。

$$\phi|_{S_1}=\phi_b(x,y,z,t) \tag{2.2.8}$$

$$k_x\frac{\partial\phi}{\partial x}\cos(n,x)+k_y\frac{\partial\phi}{\partial y}\cos(n,y)+k_z\frac{\partial\phi}{\partial z}\cos(n,z)S_2=q \tag{2.2.9}$$

式中：n 为边界外法线方向；S_1 为总水头边界区域；S_2 为流量边界区域；q 为已知流量；ϕ_b 为与空间和时间有关的已知函数。

初始条件由式（2.2.10）给定：

$$\phi|_{t=0} = \phi_0(x, y, z) \tag{2.2.10}$$

式中：ϕ_0 为已知函数。

2.3 非饱和渗透特征

非饱和土孔隙压力包括孔隙水压力 u_w 和孔隙气压力 u_a。当孔隙中的空气与大气相连时，孔隙气压等于大气压力；如果取大气压力为参考压力，则孔隙气压可看做零。当土体处于非饱和状态时，孔隙水压为负压力，水气交界面存在压力差 $s = u_a - u_w = -u_w$，称为毛细压力或吸力，表示基质对水分的吸持作用，反映土中水的自由能状态；它与土的饱和度即水气的存在状态有着直接而密切的联系。非饱和土的持水性能和渗透性是描述非饱和土渗透过程的重要参数，与土体非饱和状态密切相关。

土水特征曲线（SWCC）是土的体积含水量 θ 或饱和度 S 与基质吸力 h 的关系曲线，它与非饱和土的结构、土颗粒的成分、孔隙尺寸分布、以及土壤中水分变化的历史等因素有关，反映了非饱和土对水分的吸持作用，是反映土水作用的关系曲线，其重要性可与饱和土力学中的 $e - p$ 曲线比肩。$e - p$ 曲线表示的是土体压缩试验得到的孔隙比与土体压力值的关系曲线。土水特征曲线上有两个特征值具有重要的意义：一是进气值 S_a，二是残余含水量 θ_r，只有当土中的吸力大于进气值 S_a 时，气体才能进入土的孔隙，使孔隙水排出，含水量下降。进气值 S_a 的大小与土的最大孔隙尺寸有关。残余含水量 θ_r 则是反映土中含有的"不可动"水的数量，它与土的细孔隙分布以及土的矿物成分、孔隙水的化学成分等有关。

非饱和土中水的渗透性函数 K 为有效饱和度 S_e 或体积含水量 θ 的函数。由于饱和度或体积含水量与基质吸力之间的关系可以用土水特征曲线来描述，因此渗透性函数也可以描述为基质吸力的函数。

2.3.1 土水特征曲线模型

大量学者对土水特征曲线开展了研究，构建了描述土水特征曲线的函数表达式，即土水特征曲线模型。根据构建模型方式的不同，大体可分为经验模型和理论模型两种。经验模型通过实验的方法测定体积含水率与基质吸力间的关系并采用某些数学函数拟合这一关系。理论模型则是根据土颗粒的孔隙结构，利用力学、统计学等理论分析并存于孔隙中的水气两相的物理化学以及力学行为，从而推导出宏观尺度下的土水特征曲线的理论表达式。

大多数经验模型可由如下的通式推得

$$a_1 S_e^{b_1} + a_2 \exp(a_3 S_e^{b_1}) = a_4 h^{b_2} + a_5 \exp(a_6 h^{b_2}) + a_7 \qquad (2.3.1)$$

式中：a_1、a_2、a_3、a_4、a_5、a_6、a_7、b_1 和 b_2 为常数；h 为吸力；S_e 为有效饱和度。

$$S_e = \frac{\theta - \theta_r}{\theta_s - \theta_r} \qquad (2.3.2)$$

式中：θ 为体积含水量；θ_r 为残余体积含水量；θ_s 为饱和体积含水量。

通常情况下，可以对式（2.3.2）作出一些简化。下面给出一些简化的实例：

（1）Brooks & Corey[20] 模型。当 $a_2 = a_5 = a_7 = 0$，$b_1 = 1$ 时，令 $b_2 = -\lambda$，$a_4/a_1 = h_b^\lambda$，则可以简化为

$$S_e = \left(\frac{h_b}{h}\right)^\lambda \qquad (2.3.3)$$

（2）Gardner[21] 模型。令 $a_2 = a_5 = 0$，$a_1 = a_7$，$a_4/a_1 = a$，$b_1 = 1$，$b_2 = n$，则：

$$S_e = \frac{1}{1 + ah^n} \qquad (2.3.4)$$

（3）Van Genuchten[22] 模型。令 $a_2 = a_5 = 0$，$a_1 = a_7$，$a_4/a_1 = a^n$，$b_1 = m$，$b_2 = n$，且 $m = 1 - 1/n$，则：

$$S_e = \frac{1}{[1 + (ah)^n]^m} \qquad (2.3.5)$$

（4）Fredlund & Xing[23] 模型。令 $a_1 = a_5 = 0$，$a_3 = 1$，$a_7/a_2 = e$，$a_4/a_2 = \left(\frac{1}{a}\right)^{b_2}$，$b_1 = m$，$b_2 = n$，则：

$$S_e = \frac{1}{\left\{\ln\left[e + \left(\frac{h}{a}\right)^n\right]\right\}^m} \qquad (2.3.6)$$

根据经验模型所选函数的形态不同，大致可以分为两种类型：一类是 S 型曲线，另一类是非 S 型曲线。非 S 型曲线一般用初等函数来描述，通常有幂函数形式、指数函数形式、对数函数形式和双曲正切形式等。上述中，Brooks & Corey 和 Grader 就是非 S 型曲线形式。S 型曲线通常用比较复杂的超越函数来描述，如上述中的 Van Genuchten 和 Fredlund & Xing 公式就是 S 型曲线形式。非 S 型曲线一般可以用最小二乘法直接拟合出曲线参数，而 S 型曲线必须用非线性最小二乘法拟合。上述的经验模型中，由于 Van Genuchten（VG）模型能适用于描述不同类型土体的土水特征曲线，因而得到了广泛的应用。许

多学者测定了不同类型土的 VG 模型参数，为方便使用汇总于表 2.3.1 和表 2.3.2。

表 2.3.1　各类土体 VG 模型参数的平均值（Rawls 等[24]）

土体类型	θ_r	θ_s	α/cm^{-1}	n	$K_s/(\mathrm{cm/d})$
砂（sand）	0.020	0.417	0.138	1.592	504.0
壤砂土（loamy sand）	0.035	0.401	0.115	1.474	146.6
砂壤土（sandy loam）	0.041	0.412	0.068	1.322	62.16
壤土（loam）	0.027	0.434	0.090	1.220	16.32
粉砂壤土（silt loam）	0.015	0.486	0.048	1.211	31.68
砂质黏壤土（sandy clay loam）	0.068	0.330	0.036	1.250	10.32
黏壤土（clay loam）	0.075	0.390	0.039	1.194	5.52
粉质黏壤土（silty clay loam）	0.040	0.432	0.031	1.151	3.60
砂土（sandy clay）	0.109	0.321	0.034	1.168	2.88
粉质黏土（silt clay）	0.056	0.423	0.029	1.127	2.16
黏土（clay）	0.090	0.385	0.027	1.131	1.44

表 2.3.2　各类土体 VG 模型参数的平均值（Carsel 和 Parrish[25]）

土体类型	θ_r	θ_s	α/cm^{-1}	n	$K_s/(\mathrm{cm/d})$
砂（sand）	0.045	0.43	0.145	2.68	712.8
壤砂土（loamy sand）	0.057	0.41	0.124	2.28	350.2
砂壤土（sandy loam）	0.065	0.41	0.075	1.89	106.1
壤土（loam）	0.078	0.43	0.036	1.56	24.96
粉砂壤土（silt loam）	0.034	0.46	0.016	1.37	6.00
砂质黏壤土（sandy clay loam）	0.067	0.45	0.020	1.41	10.80
黏壤土（clay loam）	0.100	0.39	0.059	1.48	31.44
粉质黏壤土（silty clay loam）	0.095	0.41	0.019	1.31	6.24
砂土（sandy clay）	0.089	0.43	0.010	1.23	1.68
粉质黏土（silt clay）	0.100	0.38	0.027	1.23	2.88

　　针对理论模型的研究相对经验模型而言要晚一些，由于本书暂未用到理论模型，因此不做介绍。需要的读者可参阅参考文献 [26-29]。

2.3.2　渗透性函数模型

　　非饱和土中水的渗透性函数为有效饱和度或体积含水量的函数。大量学者研究了非饱和土中水的渗透性，并提出了相应的模型加以描述。常见的模型如下。

1. 渗透系数与饱和度的函数关系

Averjanon 于 1954 年提出了下面的幂函数型公式：

$$\begin{cases} K=k_s & u_a-u_w<(u_a-u_w)_b \\ K=k_s S_e^{\sigma} & u_a-u_w>(u_a-u_w)_b \end{cases} \tag{2.3.7}$$

式中：k_s 为土体饱和渗透系数；$(u_a-u_w)_b$ 为进气值；u_a 为孔隙气压；u_w 为孔隙水压；σ 为经验常数。

σ 与孔隙尺寸分布 λ 指标有如下关系：

$$\sigma=\frac{2+3\lambda}{\lambda},\lambda=\frac{\Delta \log S_e}{\Delta \log(u_a-u_w)} \tag{2.3.8}$$

Van Genuchten 于 1980 年提出了如下模型[22]：

$$K=k_s \sqrt{S_e}[1-(1-S_e^{1/m})^m]^2 \tag{2.3.9}$$

2. 渗透系数与体积含水量的函数关系

Gardner 于 1958 年提出了渗透系数与体积含水量的幂函数型函数关系：

$$K=a\theta^b \tag{2.3.10}$$

式中：a、b 为试验常数。

Campbell 于 1974 年提出了修正公式：

$$K=k_s\left(\frac{\theta}{\theta_s}\right)^{2b+3} \tag{2.3.11}$$

式中：b 为试验指标。

Davidson 等[30] 于 1969 年提出了指数型函数关系：

$$K=k_s \exp[b(\theta-\theta_s)] \tag{2.3.12}$$

3. 渗透系数与基质吸力的函数关系

Brooks 等[20] 提出了下面的幂函数型经验公式：

$$\begin{cases} K=k_s & u_a-u_w<(u_a-u_w)_b \\ K=k_s\left[\dfrac{(u_a-u_w)_b}{u_a-u_w}\right]^{\eta} & u_a-u_w>(u_a-u_w)_b \end{cases} \tag{2.3.13}$$

式中：η 为与孔隙尺寸有关的系数。

该模型既考虑了进气值效应，又考虑了孔隙尺寸对渗透性函数的影响。

Christensen 等[31] 于 1944 年提出了指数函数型渗透性函数：

$$K=k_s \exp[b(u_a-u_w)] \tag{2.3.14}$$

式中：a、b 为试验常数。

Philip[32] 于 1986 年提出了一个修正公式：

$$\begin{cases} K=k_s & u_a-u_w<(u_a-u_w)_b \\ K=k_s \exp\{b[(u_a-u_w)-(u_a-u_w)_b]\} & u_a-u_w>(u_a-u_w)_b \end{cases}$$

$$\tag{2.3.15}$$

式中：b 为试验常数；其他符号意义同前。

该公式考虑了进气值效应。

渗透系数 K 一般假设为与饱和度 S 或体积含水量 θ 唯一相关，这一假定是合理的。由于土水特征曲线含水量和基质吸力之间存在滞后现象，因此对于渗透系数 K_w 与基质吸力之间也存在着滞后现象。但是透水性系数和体积含水量是一一对应的，不存在滞后现象。因此，对于数值计算中非饱和区初始渗透系数的计算，可采用渗透性函数与体积含水率的关系曲线来确定，不用区分降雨前渗流区域的浸湿和干燥过程。这样可以使计算更加简便。因此计算开始时应当精确测量模拟区域土体的含水量与透水性系数的关系曲线。对于土水特征曲线与渗透性函数，国内外很多学者对此还做了大量研究[33-35]，限于篇幅，不再赘述。

2.4 Richards 方程的 3 种格式

2.4.1 混合格式（mixed - form）

Richards 方程以体积含水率 θ 和总水头 ϕ 为控制变量，因此有文献也将其称为混合格式（mixed - form）[36]。为方便阅读，混合格式的控制方程重写如下：

$$\frac{\partial \theta}{\partial t} = \frac{\partial}{\partial x}\left[K_x(\theta)\frac{\partial \phi}{\partial x}\right] + \frac{\partial}{\partial y}\left[K_y(\theta)\frac{\partial \phi}{\partial y}\right] + \frac{\partial}{\partial z}\left[K_z(\theta)\frac{\partial \phi}{\partial z}\right] \quad (2.4.1)$$

式中：θ 为体积含水量；ϕ 为总水头，$\phi = z + h$，z 为位置势，h 为基质势；K_x、K_y、K_z 分别为 x、y、z 方向的渗透系数；t 为时间。

混合格式控制方程需结合土水特征曲线建立体积含水率和基质吸力或总水头之间的关系，将控制变量统一后才能最终求解。统一后，将形成以体积含水率或总水头为控制变量的方程，即下述的另外两种格式。

2.4.2 水头格式（h - based form）

由于非饱和土的渗透系数 K 可以是基质吸力（负压水头）的函数，因此方程式（2.4.1）的左端可以改写为

$$\frac{\partial \theta}{\partial t} = \frac{\partial \theta}{\partial h}\frac{\partial h}{\partial t}$$

由土水特征曲线可知：

$$C(\theta) = \frac{\partial \theta}{\partial h} \quad (2.4.2)$$

式中：$C(\theta)$ 为容水度函数。

又 $\phi = z + h$，故

$$\frac{\partial \phi}{\partial t} = \frac{\partial(z+h)}{\partial t} = \frac{\partial h}{\partial t} \tag{2.4.3}$$

将式（2.4.2）和式（2.4.3）代入式（2.4.1）可得：

$$C\frac{\partial h}{\partial t} = C\frac{\partial \phi}{\partial t} = \frac{\partial}{\partial x}\left[K_x(h)\frac{\partial \phi}{\partial x}\right] + \frac{\partial}{\partial y}\left[K_y(h)\frac{\partial \phi}{\partial y}\right] + \frac{\partial}{\partial z}\left[K_z(h)\frac{\partial \phi}{\partial z}\right]$$

$$\tag{2.4.4}$$

式（2.4.4）即为水头格式的 Richards 方程。

2.4.3 体积含水率格式（θ – based form）

定义非饱和土壤水的扩散率 $D(\theta)$ 为渗透性函数 K 和容水度函数 C 的比值，即

$$D(\theta) = \frac{K(\theta)}{C(\theta)} \tag{2.4.5}$$

扩散率 D 与体积含水量 θ 的函数关系需要通过实验测定，或根据经验模型确定。

运用复合求导法则，方程式（2.3.6）可写为

$$\frac{\partial \theta}{\partial t} = \frac{\partial}{\partial x}\left[D(\theta)\frac{\partial \theta}{\partial x}\right] + \frac{\partial}{\partial y}\left[D(\theta)\frac{\partial \theta}{\partial y}\right] + \frac{\partial}{\partial z}\left[D(\theta)\frac{\partial \theta}{\partial z}\right] + \frac{\partial K(\theta)}{\partial z} \tag{2.4.6}$$

设 z 为垂直方向，对于一维垂直流动，例如降雨入渗问题，方程简化为

$$\frac{\partial \theta}{\partial t} = \frac{\partial}{\partial z}\left[D(\theta)\frac{\partial \theta}{\partial z}\right] + \frac{\partial K(\theta)}{\partial z} \tag{2.4.7}$$

对于一维水平流动，方程简化为

$$\frac{\partial \theta}{\partial t} = \frac{\partial}{\partial x}\left[D(\theta)\frac{\partial \theta}{\partial x}\right] + \frac{\partial}{\partial y}\left[D(\theta)\frac{\partial \theta}{\partial y}\right] \tag{2.4.8}$$

式（2.4.6）即为体积含水率格式的 Richards 方程。

对上述两种格式的方程，应注意其各自的特点和适用条件。以总水头 ϕ 或负压水头 h 为控制变量的基本方程，其优点是可统一求解饱和-非饱和渗流问题；因为总水头在不同材料的界面是连续的，因而也适用于分层土壤的水分运动计算。这一格式的缺点是：方程中用到容水度曲线与体积含水率之间的高度非线性，使得该格式的数值求解更加困难。而对体积含水量 θ 为控制变量的基本方程而言，其优点是扩散率 $D(\theta)$ 与体积含水率关系的非线性程度要远小于容水度曲线，因此该格式的数值求解更加稳定，在模拟降雨入渗时一般不会出现数值震荡和质量守恒问题。其缺点是：无法描述饱和渗流过程；此外，

由于不同土体界面处含水率是不连续性，导致在模拟层状土渗流问题时十分不便。

参 考 文 献

［1］ 蒋定生，黄国俊. 地面坡度对降水入渗影响的模拟试验［J］. 水土保持通报，1984（4）：10－13.

［2］ 蔡强国，陈浩. 影响降雨击溅侵蚀过程的多元回归正交试验研究［J］. 地理研究，1989，8（4）：28－36.

［3］ 石生新. 高强度人工降雨条件下影响入渗速率因素的试验研究［J］. 水土保持通报，1992（2）：49－54.

［4］ 王百田，王斌瑞. 黄土坡面地表处理与产流过程研究［J］. 水土保持学报，1994（2）：18－24.

［5］ 沈冰，王文焰. 短历时降雨强度对黄土坡地径流形成影响的实验研究［J］. 水利学报，1995（3）：21－27.

［6］ 张书函，康绍忠，蔡焕杰，等. 天然降雨条件下坡地水量转化的动力学模式及其应用［J］. 水利学报，1998，29（4）：55－62.

［7］ 刘贤赵，康绍忠. 黄土区坡地降雨入渗产流过程中的滞后效应［J］. 水科学进展，2001，12（1）：56－60.

［8］ PHILIP, J. R. An infiltration equation with physical significance［J］. Soil science，1954，77（2）：153－158.

［9］ DUNNE T，LORNA B，LEOPOLD W H. Water in Environmental Planning［M］. San Francisco：Freeman & Co.，1978.

［10］ R. A Freeze. A Stochastic－Conceptual Analysis of Rainfall－Runoff Processes on a Hillslope［J］. Water resources research，1980，16（2）：391－408.

［11］ 吴长文，陈法扬. 坡面土壤侵蚀及其模型研究综述［J］. 南昌工程学院学报，1994（2）：1－11.

［12］ Smith R E，Parlange J R. A parameter efficient hydrology infiltration model［J］. Water resources research，1987，14（3）：533－538.

［13］ LIGHTHILL M J，WHITHAM G B. On Kinematic Waves. I. Flood Movement in Long Rivers［J］. Proceedings of the royal society of London a mathematical physical & engineering sciences，1955，229（1178）：281－316.

［14］ SINGH V P，WOOLHISER D A. A nonlinear kinematic wave model for watershed surface runoff［J］. Journal of hydrology，1976，31（3－4）：221－243.

［15］ SMITH R E. A parametric－efficient hydrologic infiltration model［J］. Water resources research，1978，14（3）：533－538.

［16］ MOORE I D. Kinematic overland flow：Generalization of Rose's approximate solution［J］. Journal of hydrology，1987，82（3）：233－245.

［17］ MONTGOMERY D R，FOUFOULA－GEORGIOU E. Channel network source representation using digital elevation models［J］. Water resources research，1993，29（12）：3925－3934.

[18] ORLANDINI S. On the spatial variation of resistance to flow in upland channel networks [J]. Water resources research, 2002, 38 (10): 1 - 14.

[19] RICHARDS L A. Capillary conduction of liquids through porous mediums [J]. Physics, 1931, 1 (5): 318 - 333.

[20] BROOKS R H, COREY A T. Hydraulic Properties of Porous Media [J]. Hydrol pap, 1964, 3 (1): 352 - 366.

[21] GARDNER W R. Some steady - state solutions of the unsaturated moisture flow equation with application to evaporation from a water table [J]. Soil science, 1958, 85: 228 - 234.

[22] GENUCHTEN M T V. A Closed - form Equation for Predicting the Hydraulic Conductivity of Unsaturated Soils1 [J]. Soil science society of America journal, 1980, 44 (5): 892 - 898.

[23] FREDLUND D G, XING A Q, HUANG S Y. Predicting the permeability function for unsaturated soils using the soil - water characteristic curve [J]. International journal of rock mechanics and mining science & GEOMECHANICS ABSTRActs, 1995, 32 (4): 159A - 159A.

[24] RAWLS W J, BRAKENSIEK D L, SAXTON K E. Estimating Soil Water Properties [J]. Transactions, ASAE, 1982, 25 (5): 1316 - 1320, 1328.

[25] Carsel R F, Rudolph S. Parrish. Developing Joint Probability Distributions of Soil - Water Retention Characteristics [J]. Water resources research, 1988, 24 (5): 755 - 769.

[26] 王宇, 吴刚. 一种基于物理化学基础分析的土水特征曲线模型 [J]. 岩土工程学报, 2008, 30 (9): 1282 - 1290.

[27] 胡冉, 陈益峰, 周创兵. 基于孔隙分布的变形土土水特征曲线模型 [J]. 岩土工程学报, 2013, 35 (8): 1451 - 1462.

[28] 刘星志, 刘小文, 陈铭, 等. 基于3个不等粒径颗粒接触模型的土-水特征曲线 [J]. 岩土力学, 2018 (2): 651 - 656.

[29] TONG F, JING L, BIN T. A Water Retention Curve Model for the Simulation of Coupled Thermo - Hydro - Mechanical Processes in Geological Porous Media [J]. Transport in porous media, 2012, 91 (2): 509 - 530.

[30] DAVIDSON J M, STONE L R, NIELSEN D R, et al. Field Measurement and Use of Soil - Water Properties [J]. Water resources research, 1969, 5 (6): 1312 - 1321.

[31] CHRISTENSEN H R. Permeability - Capillary Potential Curves for Three Prairie Soils [J]. Soil science, 1944, 57 (5): 381 - 390.

[32] PHILIP J R. Linearized unsteady multidimensional infiltration [J]. Water resources research, 1986, 22 (12): 1717 - 1727.

[33] CHILDS E C, COLLIS - GEORGE N. The Permeability of Porous Materials [J]. Proceedings of the royal society of London, 1950, 201 (1066): 392 - 405.

[34] GREEN R E, J. COREY C. Calculation of Hydraulic Conductivity: A Further Evaluation of Some Predictive Methods1 [J]. Soil science society of America journal, 1971, 35 (1): 3 - 8.

［35］ Fredlund D G，Rahardjo H. Soil Mechanics for Unsaturated Soils ［M］. London：John Wiley & Sons Inc. 1993，286 - 321.

［36］ CELIA M A，BOULOUTAS E T. A Gerneral Mass - Conservative Numerical Solution for the Unsaturated Flow Equation ［J］. Water resources research，1990，26（7）：1483 - 1496.

第 3 章

坡面径流与非饱和渗流有限元模拟

本章主要介绍坡面径流与非饱和渗流过程的数值模拟。首先，推导了运动波方程的有限元和特征有限元数值模型，并利用解析解，采用正交试验法对特征有限元数值模型模拟的误差及主要影响因素进行了分析。然后，推导了 Richards 方程的有限元格式并编制相关程序；针对 Richards 方程数值模拟中的常见问题，介绍了相关技巧；通过与 Richards 方程解析解对比，验证了自编程序的正确性。

3.1 运动波方程的有限元模型

坡面径流方程的主要求解方法是有限差分法和有限元法，这两种方法目前都得到了广泛的应用。1991 年，文康[1]编写的《地表径流过程的数学模拟》，对地表径流的数学模拟进行了详细的描述，并给出了描述坡面流的一维圣·维南方程的解析解，成为后来学者验证各自模型正确性的经典例子，他的这本专著也因此成为坡面径流数值模拟方面的经典之作。1993 年，杨建英等[2]推导出了某一时刻坡面上任一点的运动波方程的理论解析解。1997 年，黄兴法等[3,4]根据水力学原理建立了坡面径流模型，采用特征线方法求解，所得的结果与水文学方法得到的结果相近，并将其应用到土壤侵蚀方面，同时对坡面降雨径流和土壤侵蚀进行了数值模拟。1997 年，N. R. Austin 等[5]应用特征线法推导了运动波方程在畦灌时的解析解。2003 年，李占斌等[6]从坡面流运动波理论的基本方程出发，利用运动波特征线法和分级叠加法，推导出了净雨强随时间变化的坡面流运动波方程近似解析解。总体来讲，采用有限元、有限差分、特征有限元均能对运动波方程进行数值模拟，但要注意时间步长对精度的影响。

本节给出运动波模型的有限元格式。为方便阅读，将一维运动波方程重列如下：

$$\frac{\partial h}{\partial t} + \frac{\partial q}{\partial x} = q_e \cos\beta = i_e \tag{3.1.1}$$

$$q = \frac{1}{n_{man}} h^{\frac{5}{3}} \sqrt{\sin\beta} \tag{3.1.2}$$

式中：v、h 分别为坡长 x 处的流速和水深；q_e 为竖直方向的净雨率；q 为沿坡面的单宽流量；n_{man} 为坡面粗糙系数；β 为坡角。

记运动波模型的求解域为 Γ；边界条件为坡顶 $x=0$ 处水深始终为 0；坡脚 $x=L$ 处为自由出流。初始时刻坡面无径流。由式（3.1.2）可知：

$$\frac{\partial q}{\partial x} = \frac{\partial q}{\partial h} \frac{\partial h}{\partial x} = \frac{5}{3 n_{man}} h^{\frac{2}{3}} \sqrt{\sin\beta} \frac{\partial h}{\partial x} \tag{3.1.3}$$

记 $c_q = \dfrac{5}{3 n_{man}} h^{\frac{2}{3}} \sqrt{\sin\beta}$，则式（3.1.3）可重写为

$$\frac{\partial q}{\partial x} = c_q \frac{\partial h}{\partial x} \tag{3.1.4}$$

将式（3.1.4）带入式（3.1.1），则有：

$$\frac{\partial h}{\partial t} + c_q \frac{\partial h}{\partial x} = i_e \tag{3.1.5}$$

在空间上，对求解域划分单元后，则单元内的水深 h 可用节点处 h_i 表示为 $h = \sum N_i h_i$，N_i 为形函数。记单元所占空间区域为 e，式（3.1.5）的加权余量格式可以写为

$$\int \left(\frac{\partial \sum N_i h_i}{\partial t} + c_{qi} \frac{\partial \sum N_i h_i}{\partial x} - i_e \right) N_j \, de = 0 \tag{3.1.6}$$

展开后为

$$\left(\int N_i N_j \, de \right) \frac{\partial h_i}{\partial t} + \left(c_{qi} \int \frac{\partial N_i}{\partial x} N_j \, de \right) h_i = \int i_e N_j \, de \tag{3.1.7}$$

在时间上采用向后差离散后可得

$$\left(\int N_i N_j \, de \right) \frac{h_i^{t+1} - h_i^t}{\Delta t} + \left(c_{qi} \int \frac{\partial N_i}{\partial x} N_j \, de \right) h_i = \int i_e N_j \, de \tag{3.1.8}$$

式（3.1.8）可进一步改写为迭代格式：

$$\left(\int N_i N_j \, de \right) \frac{h_i^{t+1}}{\Delta t} = \int i_e N_j \, de + \left(\int N_i N_j \, de \right) \frac{h_i^t}{\Delta t} - \left(c_{qi} \int \frac{\partial N_i}{\partial x} N_j \, de \right) h_i^{t+1} \tag{3.1.9}$$

上式写成矩阵格式则为

$$[A_e][h_e]^{t+1} + [B_e][h_e]^{t+1} = [A_e]^t + [f_e] \tag{3.1.10}$$

其中，$[A_e]$ 的元素 $a_{ij} = \dfrac{\int N_i N_j \, de}{\Delta t}$；$[B_e]$ 的元素 $b_{ij} = \dfrac{\int N_i N_j \, de}{\Delta t} -$

$c_{qi} \int \dfrac{\partial N_i}{\partial x} N_j \, de$；$[h_e]^{t+1}$、$[h_e]^t$ 分别为 $t+1$、t 时刻的节点水头向量；$[f_e]$

的元素 $f_i = \int_{i_e} N_j \mathrm{d}e$ 。

将整个求解所有单元累加可得运动波模型的有限元求解格式：

$$([A]+[B])[h]^{t+1}=[A][h]^t+[f] \tag{3.1.11}$$

式中各矩阵为相应的单元矩阵叠加而成。

3.2 运动波方程的特征有限元模型

3.2.1 特征有限元模型

由于特征有限元在处理对流占优的偏微分方程时，能有效地消除数值弥散和数值震荡，允许计算取较大的时间步长，因此借助特征有限元模拟运动波方程具有一定优势。因此，作者等人[7]采用了特征有限元法对运动波方程开展了数值模拟研究。

下面推导运动波方程的特征有限元格式。根据式（3.1.2）有

$$\frac{\partial q}{\partial x}=\frac{\partial q}{\partial h}\frac{\partial h}{\partial x}=\frac{5\sqrt{\sin\beta}}{3n_{\mathrm{man}}}h^{\frac{2}{3}}\frac{\partial h}{\partial x} \tag{3.2.1}$$

令 $v=\dfrac{5\sqrt{\sin\beta}}{3n_{\mathrm{man}}}h^{\frac{2}{3}}$，将式（3.2.1）代入式（3.1.1）得

$$\frac{\partial h}{\partial t}+v\frac{\partial h}{\partial x}=q_e \tag{3.2.2}$$

令 $\psi(x,t)=(1+v^2)^{1/2}$，且 $\dfrac{\partial}{\partial\tau(x)}=\dfrac{1}{\psi(x,t)}\dfrac{\partial}{\partial t}+\dfrac{v}{\psi(x,t)}\dfrac{\partial}{\partial x}$，$\tau(x)$ 表示

与算子 $\dfrac{\partial h}{\partial t}+v\dfrac{\partial h}{\partial x}$ 相伴的特征方向，则式（3.2.2）变为

$$\psi(x)\frac{\partial h}{\partial\tau}-q_e=0 \tag{3.2.3}$$

对时间和空间进行离散，记 t^k 表示时间的第 k 层。求解域上 h 可用节点处 h_i 表示为 $h=\sum N_i h_i$，N_i 为形函数。式（3.2.3）的加权余量格式可以写为

$$\int\left[\psi(x)\frac{\partial h}{\partial\tau}-q_e\right]N_j\mathrm{d}x=0 \tag{3.2.4}$$

上式中 $\psi(l)\dfrac{\partial h}{\partial\tau}=\psi(x,t^k)\dfrac{\partial h^k}{\partial\tau}\approx\psi(x,t^k)\dfrac{h(x,t^k)-h(\overline{x},t^{k-1})}{[(x-\overline{x})^2+(t^k-t^{k-1})^2]^{1/2}}$

由中值积分定理可知 $\overline{x}=x-v(t^k-t^{k-1})$，记 $\Delta t=t^k-t^{k-1}$，则

$$\psi(x,t^k)\frac{h(x,t^k)-h(\overline{x},t^{k-1})}{[(x-\overline{l})^2+(t^k-t^{k-1})^2]^{1/2}}=\psi(x,t^k)\frac{h(x,t^k)-h(\overline{x},t^{k-1})}{(\Delta t^2 v^2+\Delta t^2)^{1/2}}$$

$$=\psi(x,t^k)\frac{h(x,t^k)-h(\overline{x},t^{k-1})}{(v^2+1)^{1/2}\Delta t}$$

再结合 $\psi(x,t)=(1+v^2)^{1/2}$，有

$$\psi(x)\frac{\partial h}{\partial \tau}=\frac{h(x,t^k)-h(\overline{x},t^{k-1})}{\Delta t} \tag{3.2.5}$$

$h(\overline{x},t^{k-1})$ 为在 $k-1$ 时间层上，x 处对应的水深。当 $x\in(x_i,x_j)$ 时（即 x 在某一单元 e 内），该水深可用节点 i 和 j 对应的水深线性插值而得，即

$$h(\overline{x},t^{k-1})=h(\overline{x}_i,t^{k-1})N_i+h(\overline{x}_j,t^{k-1})N_j \tag{3.2.6}$$

而

$$h(\overline{x}_i,t^{k-1})\approx\frac{v_i^k\Delta t}{\Delta x}h_{i-1}^{k-1}+\left(1-\frac{v_i^k\Delta t}{\Delta x}\right)h_i^{k-1} \tag{3.2.7}$$

为避免数值弥散，需令 courant 数 $\dfrac{v_i^k\Delta t}{\Delta x}<1$。将式（3.2.5）～式（3.2.7）代入式（3.2.4），并写为矩阵形式：

$$[A]\{h^k\}=[B]\{\overline{h^{k-1}}\}+\{F\} \tag{3.2.8}$$

上式即为运动波方程的特征有限元格式。其中，矩阵 $[A]$ 和 $[B]$ 中的元素分别为 $a_{ij}=b_{ij}=\int N_iN_j\mathrm{d}x/\Delta t$，向量 $\{F\}$ 中的元素为 $f_i=\int q_eN_j\mathrm{d}l$。根据该式即可编制有限元程序，对运动波方程进行数值模拟。易知，该格式的线型方程组系数矩阵是对称正定的。

3.2.2 数值模型误差分析

运动波模型的解析解参看文献 [2]，简列如下：设 t_0、t_r 分别为稳定汇流时间、降雨持续时间。t_0 可按下式确定：

$$t_0=\sqrt[m]{\frac{L(q_e)^{1-m}}{\alpha}};m=\frac{5}{3};\alpha=\frac{\sqrt{\sin\theta}}{n}$$

任意时刻 t，坡面 x 处的水深 $h(x,t)$ 为

当 $0\leqslant t\leqslant t_0$ 时：

$$h=\left(\frac{xq_e}{\alpha}\right)^{1/m}(0\leqslant x\leqslant x_w) \tag{3.2.9}$$

$$h=q_et(x_w<x\leqslant L) \tag{3.2.10}$$

当 $t_0<t\leqslant t_r$ 时：

$$h=\left(\frac{xq_e}{\alpha}\right)^{1/m}(0\leqslant x\leqslant L) \tag{3.2.11}$$

利用所编制的有限元程序，开展正交数值试验，研究单元尺寸、时间步长

和允许误差等 3 个因素对数值模拟误差的影响。具体过程如下：对一倾斜直线
边坡在均匀降雨条件下的坡面径流过程进行特征有限元数值模拟。边坡长
30m，净雨强 0.02m/h，坡角 15°，坡面糙率 0.05。将数值解与解析解进行对
比，借助正交试验法分析单元尺寸、时间步长和允许误差等 3 个因素对数值模
拟误差的影响。各因素均取三水平，见表 3.2.1。

表 3.2.1　　　　　　　　　　　　因　素　水　平　表

因素 \ 水平	1	2	3
单元尺寸/m	1.0	0.5	0.1
时间步长/h	0.1	0.05	0.01
允许误差/m	0.001	0.005	0.0001

根据前述稳定汇流时间 t_0 的计算公式可知，$t_0 = 9.15h$。为确保达到稳定
汇流，故总计算时长取为 12h。初始条件为初始时刻坡面无径流，边界条件为
坡顶水深和流量为 0。

利用软件 IBM SPSS Statistics 19 设计正交表，见表 3.2.2。考察指标分
别为水深最大误差 Err_h 和坡脚出流量最大误差 Err_Q，按下式计算：

$$Err_h = \max\left\{\frac{h_{i,t}^N - h_{i,t}^A}{h_{i,t}^A} \times 100\%\right\} \tag{3.2.12}$$

$$Err_Q = \max\left\{\frac{Q_t^N - Q_t^A}{Q_t^A} \times 100\%\right\} \tag{3.2.13}$$

式中：$h_{i,t}^N$ 为节点 i 在时刻 t 的数值解；$h_{i,t}^A$ 为节点 i 时刻 t 的解析解；Q_t^N 为时
刻 t 坡脚出流量数值解；Q_t^A 为时刻 t 坡脚出流量解析解。

需说明的是，这里取最大值是按绝对值最大考虑，但最终的误差结果加上
了正负号。负号表示数值解比解析解小。

表 3.2.2　　　　　　　　　　　　正　交　试　验　及　结　果　表

	单元尺寸/m	时间步长/h	允许误差/m	Err_h	Err_Q
1	1.0	0.100	0.0005	−22.01	−6.20
2	0.50	0.100	0.0001	−20.35	−2.34
3	2.0	0.010	0.0005	−23.58	−11.91
4	1.0	0.010	0.0001	−21.35	−7.58
5	2.0	0.100	0.0010	−23.67	−10.80
6	1.0	0.050	0.0010	−21.29	−6.86
7	2.0	0.050	0.0001	−24.04	−11.57
8	0.50	0.010	0.0010	−20.80	−4.47
9	0.50	0.050	0.0005	−21.54	−3.60

误差分布规律：从数值模拟的结果来看，误差沿坡长的分布规律为：以稳定汇流时间 t_0 为界，t_0 之前误差自坡顶至坡脚快速减小并几乎等于 0；t_0 之后，误差自坡顶至坡脚逐步减小，但最终一般不能等于 0（单元尺寸越小，则越接近 0）。

图 3.2.1 为单元尺寸 2m、时间步长 0.01h 和允许误差 0.0005 条件下，时刻 $t=2h$ 和 12h 时，数值模拟所得水深、解析解以及误差沿坡面长度分布图。需说明的是，误差的绝对值均不大，只是有时相对值较大而已。例如图 3.2.1 (b) 中，$x=2.0m$ 处，解析解 $h=0.035m$；数值解 $h=0.03m$，误差绝对值为 5mm，相对值为 -15.12%；在 $x=30m$ 处，解析解 $h=0.179m$；数值解 $h=0.172m$，误差绝对值为 7mm，相对值为 -3.87%。其他计算条件所得结果均与其类似，限于篇幅不再列出。

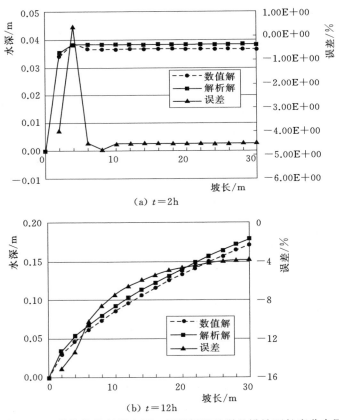

图 3.2.1 数值模拟所得水深、解析解以及误差沿坡面长度分布图

表 3.2.3 为水深最大误差极差分析。由表可知，单元尺寸对误差影响最大；时间步长和允许误差影响相当。单元尺寸越小，误差越小。

表 3.2.3   水深最大误差极差分析表

统计 \ 因素	单元尺寸	时间步长	允许误差
K_1	−71.29	−66.03	−65.76
K_2	−64.65	−66.87	−67.13
K_3	−62.69	−65.73	−65.74
k_1	−23.76	−22.01	−21.92
k_2	−21.55	−22.29	−22.38
k_3	−20.90	−21.91	−21.91
极差	2.87	0.38	0.46
极差归一	0.77	0.11	0.12

表 3.2.4 为坡脚出流量最大误差极差分析。可见，与水深误差一样，单元尺寸对出流量误差影响最大；时间步长影响较小；允许误差几乎无影响。单元尺寸越小，误差越小。

表 3.2.4   坡脚出流量最大误差极差分析表

统计 \ 因素	单元尺寸	时间步长	允许误差
K_1	−34.28	−19.34	−22.13
K_2	−20.64	−22.03	−21.71
K_3	−10.41	−23.96	−21.49
k_1	−11.43	−6.45	−7.38
k_2	−6.88	−7.34	−7.24
k_3	−3.47	−7.99	−7.16
极差	7.96	1.54	0.21
极差归一	0.82	0.16	0.02

此外，笔者还改变了净雨强、坡长、坡角、坡面糙率的取值，同样采用正交试验法，分析了单元尺寸、时间步长和允许误差等 3 个因素对数值模拟误差的影响，各因素仍取三水平，值同表 3.2.1。净雨强分别取 0.01m/h、0.005m/h、0.001m/h；坡长分别取 45m、60m、75m；坡角分别取 13°、11°、9°；坡面糙率分别取 0.1、0.3、0.5 等。所得规律与前述基本相同。

本节通过采用特征有限元法对运动波方程进行了数值模拟；借助正交试验法，以解析解为参考，分析了有限元单元尺寸、计算时间步长以及允许误差等因素对数值解误差的影响。获得以下结论：

（1）推导了运动波方程的特征有限元格式，并编制相应程序，实现了该方程的数值模拟。根据特征有限元固有特性，可知相比一般格式的有限元法，该模型允许较大的时间步长。同时，该模型的线型方程组系数矩阵是对称正定的，较利于线性方程组的求解。

（2）在净雨强均匀分布的情况下，数值解与解析解的误差沿坡顶至坡脚较快减小；若有限元网格节点自坡顶顺坡向下依次编号（坡顶节点为 1 号），则最大误差均出现在 2 号节点处，即最大误差均出现在靠近坡顶边界的节点处。

（3）由正交数值试验得知，模型误差受单元尺寸影响最大，而时间步长和允许误差相对较小。

当然，上述主要结论均在简单条件下进行，对于复杂的实际问题，仍需更多的研究。

3.3 Richards 方程的有限元模型

由于本书主要采用 Richards 方程描述降雨入渗问题，因此这里推导忽略源汇项的一维 Richards 方程[8] 的有限元格式。总水头为控制变量的 Richards 方程可写为

$$C \frac{\partial \phi}{\partial t} - \frac{\partial}{\partial y}\left(K \frac{\partial \phi}{\partial y}\right) = 0 \tag{3.3.1}$$

式中：C 为容水度函数，$C = \partial \theta / \partial h$；$\theta$ 为体积含水率；h 为压力水头；t 为时间；ϕ 为总水头，$\phi = y + h$，y 为位置水头；K 为渗透系数，$K = K_r K_s$；K_r 为相对渗透系数；K_s 为饱和渗透系数；y 为坐标；竖直向上为正。

在求解域 Ω 内初始条件为

$$\phi(y, 0) = \phi_0(y) \tag{3.3.2}$$

边界条件为，在点 $y = y_h$ 处为本质边界条件：

$$\phi = \phi|_{y=yh} = \overline{\phi} \tag{3.3.3}$$

在点 $y = y_q$ 处为自然边界条件：

$$q = -K \frac{\partial \phi}{\partial y}\bigg|_{y=y_q} = \overline{q} \tag{3.3.4}$$

以上式中：ϕ_0、$\overline{\phi}$、$\overline{q}$ 为已知函数。

在空间上，对求解域划分单元后，记单元所占空间区域为 e，试函数采用形函数 N_j，则式（3.3.1）的加权余量格式可以写为

$$\int \left[C \frac{\partial \phi}{\partial t} - \frac{\partial}{\partial y}\left(K \frac{\partial \phi}{\partial y}\right)\right] N_j \, de = 0 \tag{3.3.5}$$

式（3.3.5）对积分内各项展开后得

$$\int C N_j \frac{\partial \phi}{\partial t} de - \int N_j \frac{\partial}{\partial y}\left(K \frac{\partial \phi}{\partial y}\right) de = 0 \tag{3.3.6}$$

式（3.3.6）中左端的第二项可根据分部积分写为

$$\int N_j \frac{\partial}{\partial y}\left(K\frac{\partial \phi}{\partial y}\right)\mathrm{d}e = -\int K\frac{\partial \phi}{\partial y}\frac{\partial N_j}{\partial y}\mathrm{d}e + f_q \qquad (3.3.7)$$

式中：$f_q|_{y=y_q}=\overline{q}$；$f_q|_{y\neq y_q}=0$。

将式（3.3.7）代入式（3.3.6）有

$$\int CN_j \frac{\partial \phi}{\partial t}\mathrm{d}e + \int K\frac{\partial \phi}{\partial y}\frac{\partial N_j}{\partial y}\mathrm{d}e = f_q \qquad (3.3.8)$$

设单元内的总水头 ϕ 用节点处 ϕ_i 表示为 $\phi = \sum N_i\phi_i$，N_i 为形函数。则式（3.3.8）可写为

$$\int CN_j \frac{\partial \sum N_i\phi_i}{\partial t}\mathrm{d}e + \int K\frac{\partial \sum N_i\phi_i}{\partial y}\frac{\partial N_j}{\partial y}\mathrm{d}e = f_q \qquad (3.3.9)$$

式（3.3.9）可写为矩阵形式：

$$[S_e]\frac{[\phi_e]^{t+1}-[\phi_e]^t}{\Delta t}+[D_e]\cdot[\phi_e]^{t+1}=[q_e] \qquad (3.3.10)$$

式中：$[S_e]$ 的元素 $s_{ij}=\dfrac{\int CN_iN_j\mathrm{d}e}{\Delta t}$；$[D_e]$ 的元素 $d_{ij}=\int K\dfrac{\partial N_i}{\partial y}\dfrac{\partial N_j}{\partial y}\mathrm{d}e$；$[\phi_e]^{t+1}$、$[\phi_e]^t$ 分别为 $t+1$、t 时刻的节点水头向量；$[q_e]$ 的元素为当 $y_i=y_q$ 时，$q_i=\overline{q}$，而其他节点处为 0；Δt 为时间步长。

将整个求解所有单元累加可得 Richards 方程的有限元求解格式：

$$[S]\frac{[\phi]^{t+1}-[\phi]^t}{\Delta t}+[D]\cdot[\phi]^{t+1}=[q] \qquad (3.3.11)$$

式中各矩阵为相应的单元矩阵叠加而成。

3.4 Richards 方程有限元模拟

众多学者对 Richards 方程的数值模拟工作开展了研究[9-36]。在这些研究中，以体积含水率为控制变量的格式，具有允许使用较大时间步长且具有质量守恒特性等优点，被人们用于研究干土入渗过程。但由于体积含水率在材料界面不连续，一般来说它适用于均质土体；经过 Hills 等[10]、Matthews 等[24] 和 Zha 等[31] 的发展，该格式也可用于模拟非均质土体。但该格式由于无法描述饱和情形下的流动。

虽然压力水头格式适用于饱和-非饱和渗流模拟，但 Celia 等[11] 研究发现在模拟干土入渗时，采用一致质量格式时出现数值震荡和质量不守恒，所谓质量不守恒是指模拟的入渗量与土体水分增量之间出现较大的偏差。此时需要采

用非常小的时间步长和细密的网格，才能保证不出现数值震荡和质量守恒。为此，Celia 等[11] 提出采用集中质量格式避免数值震荡；采用混合格式的 Richards 方程来确保严格质量守恒。Phoon 等[26] 发现采用最新时步的压力水头确定渗透系数同样会引起数值震荡，建议采用欠松弛迭代格式。

为了利用体积含水率格式的方程的质量守恒特性，Diersch 等[19] 于 1999 年提出主变量转换法（primary switching technique），即模拟时：对非饱和区域采用体积含水率格式；饱和区域采用压力水头格式[10]。随后，Hao 等[25]、Sadegh 等[29]、He 等[32] 对主变量转换法开展了进一步研究，提出对非饱和区域采用混合格式，而饱和区域采用压力水头格式的方法。

本节将介绍 Richards 方程数值模拟研究中一些代表性的研究成果，这些成果提出了简单有效的处理技巧，使得数值模拟更加稳定和实用。作者的自编程序中也使用了这些技巧。本节还利用解析解对自编程序进行了验证。

3.4.1 集中质量矩阵

通常在有限元计算中，有两种质量格式：一致质量（consistent mass）和集中质量（lumped mass）。上一节式（3.3.13）中矩阵 $[S_e]$ 元素的计算公式：

$$s_{ij} = \frac{\int CN_iN_j\,\mathrm{d}e}{\Delta t} \tag{3.4.1}$$

式（3.4.1）称为一致质量格式。而

$$s_{ij} = \frac{\int CN_i\,\mathrm{d}e}{\Delta t} \tag{3.4.2}$$

则称为集中质量格式。

Celia 等研究发现，采用式（3.4.1）计算会引起数值震荡。如图 3.4.1（a）所示为 Celia 等给出的模拟一维入渗过程结果。由图可知，结果出现了震荡。而采用式（3.4.2）计算时，则不会出现震荡。因此，采用集中质量矩阵格式比较合适。

3.4.2 超松弛迭代

式（3.3.14）需要迭代进行，在 $n+1$ 时步时，进行第 $m+1$ 次迭代的计算。当计算矩阵 $[D]$ 中的渗透系数 K 时，需要用到合适的压力水头 h：

$$K_{n+1,m} = k_s k_r(\overline{h}_{n+1,m}) \tag{3.4.3}$$

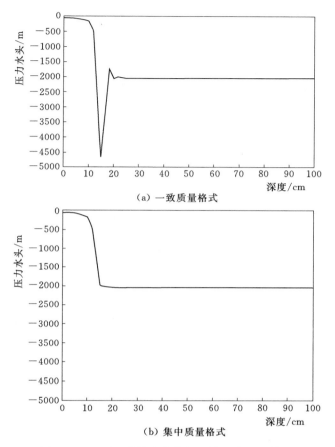

（a）一致质量格式

（b）集中质量格式

图 3.4.1　Celia 等给出的模拟一维入渗过程结果

式中：$\overline{h}_{n+1,m}$ 为用于计算相对渗透系数 k_r 的压力水头，根据不同的策略取不同数值。

根据 Tan 等[37]的研究，当 $\overline{h}_{n+1,m}=h_{n+1,m}$ 时，水力传导系数采用当前时间步、当前迭代步的压力水头进行计算，这种方法记为 UR0，该形式未使用欠松弛处理。然而，直接使用当前迭代步的压力水头来计算水力传导系数可能会引起如图 3.4.2 所示迭代收敛震荡。Phoon 等[26]对这种迭代收敛震荡现象进行了分析，认为上述震荡现象是由水力传导系数相对渗流量计算不协调造成的。为了降低迭代收敛震荡对求解精度和计算效率的影响，可采用适当的欠松弛方法。当采用前一时间步结束时的压力水头 h_n 与当前时间步当前迭代步的压力水头 $h_{n+1,m}$ 的均值来计算水力传导系数时，即

$$\overline{h}_{n+1,m}=(h_{n+1,m}+h_n)/2 \tag{3.4.4}$$

这种方法记为 UR1 方法，该形式使用了欠松弛处理。由于 UR1 方案简单有效，商业软件 GeoStudio 中的 SEEP/W 模块采用了这一方法。Tan 等[37] 和 Phoon 等[26] 分别研究了 3 种不同的欠松弛方法，即上述的 UR0、UR1 和下面的 UR2 方法：

$$\overline{h}_{n+1,m} = (h_{n+1,m} + h_{n+1,m-1})/2 \qquad (3.4.5)$$

这里，UR2 方法采用当前时间步最近两次迭代步的压力水头的均值来计算水力传导系数。他们通过一维算例得出"UR2 方案在网格较粗的情况下能够给出更加精确的压力水头场，而 UR1 尽管收敛较快，结果却明显偏离正确解"的结论。采用同一算例对 1m 厚、初始条件为干燥的土层进行有表面雨水入渗的模拟，具体参数见相关文献。图 3.4.2 给出 10 单元网格一维非饱和渗流的计算结果，显示 UR1 需少量迭代步数便可达到收敛，但其收敛值（约为 −8.0m）明显偏离了解析解（−0.0216m）。UR2 和 UR0 都能收敛到较为精确的解，但 UR2 相对 UR0 需要较少的迭代步数。图 3.4.2 的局部放大图显示 UR2 和 UR0 欠松弛方法作用下迭代法仍存在围绕正确解的迭代收敛震荡现象，正是由于这种迭代收敛震荡导致了 Picard 或 Newton 等非线性迭代方法收

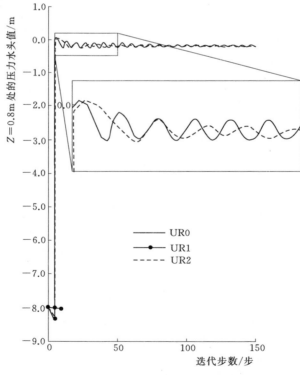

图 3.4.2　3 种欠松弛方法作用下迭代收敛行为

敛缓慢和数值求解精度降低等问题。陈曦等也对这一问题进行了研究，提出了一种新的短项混合欠松弛法，有兴趣读者可参看文献 [38]。

3.4.3　等参单元阶次

在时间相关的有限元模拟中，为了计算的收敛常常需要减小时间步长。Ju 等[16]采用集中质量格式、一致质量格式、线性等参元和二次等参元分别对一维入渗过程进行了分析，所得结果如图 3.4.3、图 3.4.4 所示。得出的结论为：当采用一致质量格式和高次等参元时，并不能单纯通过减小时间步长来达到收敛，此时必须同时减小单元尺寸以避免数值震荡；如果采用集中质量格式和线性等参元，则可仅通过减小时间步长来实现收敛。算例的具体参数可参见参考文献 [16]。

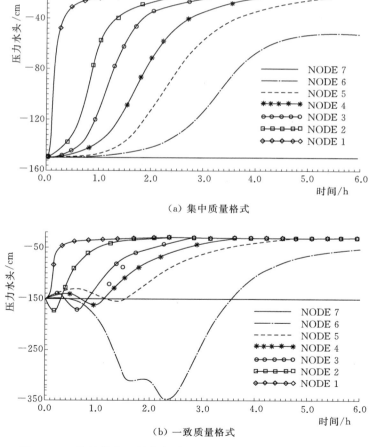

图 3.4.3　线性等参元的集中质量格式和一致质量格式模拟结果

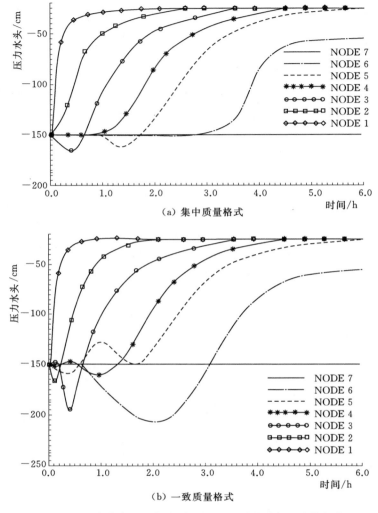

图 3.4.4 二次等参元的集中质量格式和一致质量格式模拟结果

3.4.4 自编程序验证

本书根据式 (3.3.14) 以及集中质量矩阵格式 (3.4.2)、欠松弛迭代格式 (3.4.5)，采用线性等参元编制了 Richards 方程的 C♯ 计算程序。下面利用解析解，通过一个例题验证所编程序。该算例模拟了一个由两层土构成的土柱的湿润和排水过程，共设置了 8 种不同的计算条件。每层土厚 100cm。饱和以及残余体积含水率分别为 $\theta_s = 0.4$，$\theta_r = 0.06$。在土柱底部为定水头边界，$\overline{\phi}(-100, t) = -100$ cm；顶部为流量边界，$q(100, t) = \overline{q}$。初始条件为在 $\overline{q} = q_0$ 和 $\overline{\phi}(-100, t) = -100$ 边界条件下土柱水分达到稳定状态时的渗流场。各不同条件计算参数的取值见表 3.4.1。模拟的时间步长为 0.01h，允许误差为 10^{-4}cm，网格尺寸为 4cm，节点从土柱顶部向下编号。

表 3.4.1   **8 种不同条件的计算参数**

条件号	q_0 /(cm/h)	$\bar{q}$ /(cm/h)	α /cm^{-1}	下部土层 k_{s1}/(cm/h)	上部土层 k_{s2}/(cm/h)	模拟情景
1	0.1	0.9	0.1	1	10	增湿（wetting）
2	0.9	0.1	0.1	1	10	排水（drainage）
3	0.1	0.9	0.1	10	1	增湿（wetting）
4	0.9	0.1	0.1	10	1	排水（drainage）
5	0.1	0.9	0.01	1	10	增湿（wetting）
6	0.9	0.1	0.01	1	10	排水（drainage）
7	0.1	0.9	0.01	10	1	增湿（wetting）
8	0.9	0.1	0.01	10	1	排水（drainage）

所用土水特征曲线（SWCC）、渗透性函数 K_r 采用 Gardner 模型[39]：

$$S_e(h) = \frac{\theta - \theta_r}{\theta_s - \theta_r} = \begin{cases} e^{ah}, & h < 0 \\ 1, & h \geq 0 \end{cases} \tag{3.4.6}$$

$$K_r(h) = \begin{cases} e^{ah} & h < 0 \\ 1 & h \geq 0 \end{cases} \tag{3.4.7}$$

式中：S_e 为有效饱和度；θ_r 为残余体积含水率；θ_s 为饱和体积含水率；a 为拟合参数，$[L^{-1}]$；e 为自然常数。

采用两个指标来评价数值结果。第一个是质量守恒误差（mbr）[11,26,32,36]：

$$mbr = \left\{ 1 - \frac{\sum_{i=2}^{n-2} [(\theta_{j+1}^i - \theta_0^i)\Delta z_i] + (\theta_{j+1}^n - \theta_0^n)\Delta z_{n-1}/2 + (\theta_{j+1}^1 - \theta_0^1)\Delta z_1/2}{\sum_{k=1}^{j+1}(q_k^n + q_k^1)\Delta t} \right\}$$
$$\times 100\% \tag{3.4.8}$$

式中：θ_{j+1}^i 为时步 $j+1$ 时在 y_i 处的体积含水率 θ；n 为节点数；Δz_i 为网格尺寸；$i = 1, \cdots, n-1$；q_j^1、q_j^n 分别为时步 $j+1$ 时顶部和底部单元的边界流量。

q_{j+1} 由下式计算[26]：

$$q_{j+1} = K\phi_{j+1} + \frac{[S]}{\Delta t}(\theta_{j+1} - \theta_j) \tag{3.4.9}$$

第二个指标是解析解和数值解误差的平方根（$rmse$），由下式定义[35]：

$$rmse = \sqrt{\frac{\sum (h(z_i, t)_{\text{numerical}} - h(z_i, t)_{\text{analytical}})^2}{n}} \tag{3.4.10}$$

式中：$h(y_i, t)_{\text{numerical}}$ 为 t 时刻点 y_i 处的压力水头的数值解；$h(z_i, t)_{\text{analytical}}$ 为 t 时刻点 y_i 处解析解。

图 3.4.5～图 3.4.8 给出了不同时刻不同条件下的解析解[40]和数值解对

比，可见数值解和解析解吻合得较好。

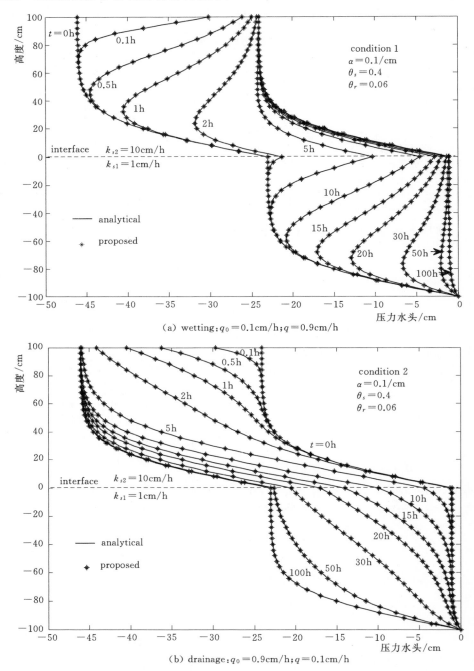

(a) wetting：$q_0 = 0.1$cm/h；$q = 0.9$cm/h

(b) drainage：$q_0 = 0.9$cm/h；$q = 0.1$cm/h

图 3.4.5　condition 1 和 condition 2 时不同时刻压力水头的数值解和解析解对比

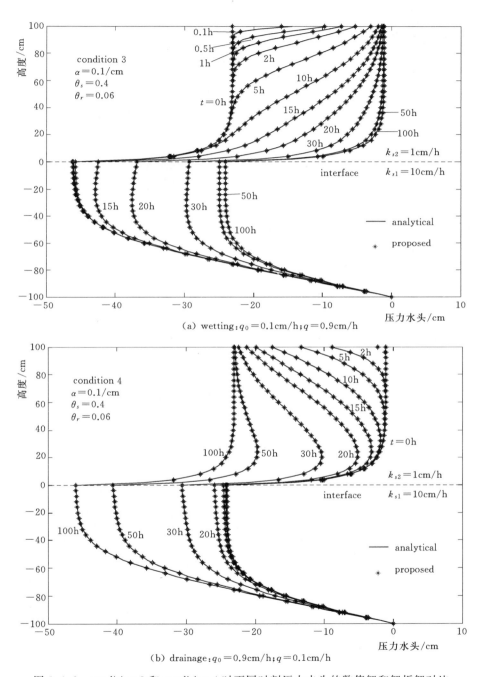

图 3.4.6　condition 3 和 condition 4 时不同时刻压力水头的数值解和解析解对比

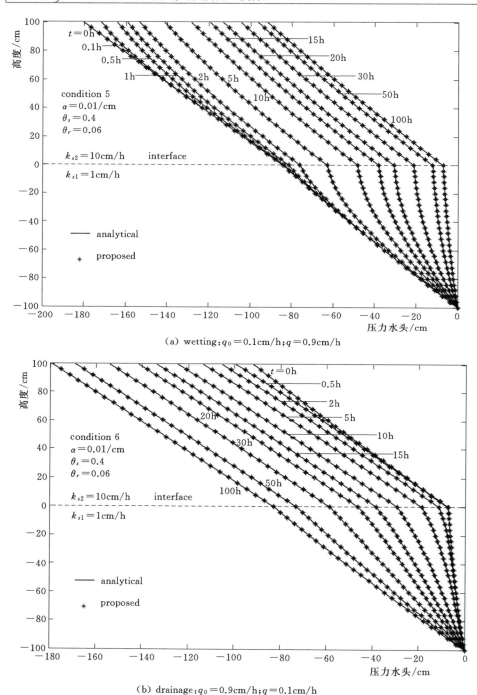

（a）wetting：$q_0 = 0.1\text{cm/h}$；$q = 0.9\text{cm/h}$

（b）drainage：$q_0 = 0.9\text{cm/h}$；$q = 0.1\text{cm/h}$

图 3.4.7 condition 5 和 condition 6 时不同时刻压力水头的数值解和解析解对比

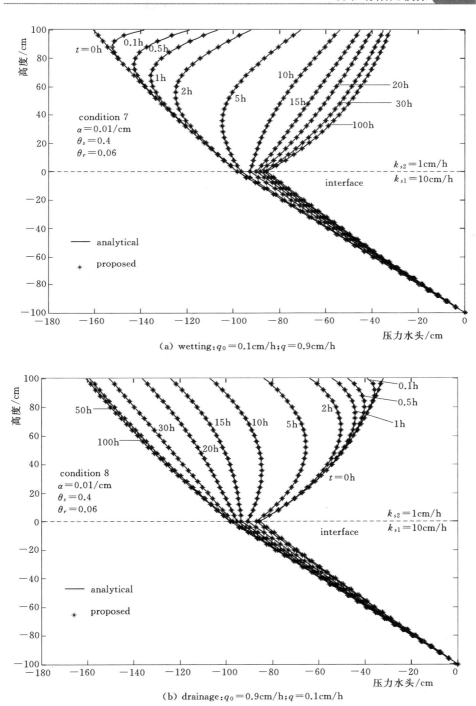

(a) wetting; $q_0 = 0.1 \text{cm/h}$; $q = 0.9 \text{cm/h}$

(b) drainage; $q_0 = 0.9 \text{cm/h}$; $q = 0.1 \text{cm/h}$

图 3.4.8　condition 7 和 condition 8 时不同时刻压力水头的数值解和解析解对比

质量守恒误差 mbr 随时间的变化汇于图 3.4.9，限于篇幅选取了几组代表性的结果，具体数值见表 3.4.2；可以看出 mbr 在开始时较大但迅速减小到一个较小的值直到计算结束；当 $\alpha = 0.1$ 时的 mbr 较 $\alpha = 0.01$ 时大一些；增湿时的 mbr 较排水时更大一些。图 3.4.10 给出了 $rmse$ 的变化规律，由图可知最大值 0.22 出现在第 3 组条件时。

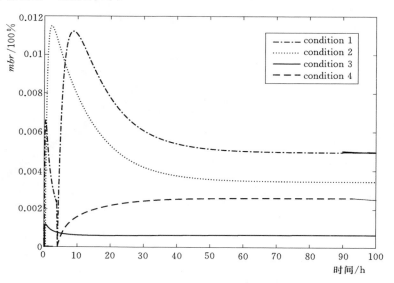

图 3.4.9　不同条件下 mbr 随时间变化

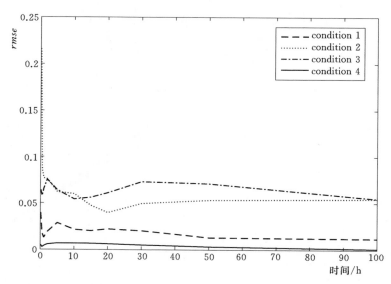

图 3.4.10　不同条件下 $rmse$ 随时间变化

表 3.4.2　　　　　　　　　质 量 守 恒 误 差

条件号	质量守恒误差/%			
	max	min	average	final
1	10.5669	8.6747×10^{-6}	0.0654	0.0173
2	1.8185	6.9591×10^{-6}	0.0445	0.0200
3	9.3832	0.0902	0.2085	0.1417
4	2.2478	3.6660×10^{-6}	0.1480	0.1281
5	0.3362	0.0073	0.0103	0.0073
6	0.0462	0.0032	0.0065	0.0064
7	0.4451	1.2427×10^{-6}	0.0057	0.0039
8	0.0542	1.1844×10^{-6}	0.0040	0.0044

参 考 文 献

[1] 文康. 地表径流过程的数学模拟 [M]. 北京：水利电力出版社，1991.

[2] 杨建英，赵廷宁，孙保平，等. 运动波理论及其在黄土坡面径流过程模拟中的应用 [J]. 北京林业大学学报，1993（1）：1-11.

[3] 黄兴法. 坡面降雨径流的一种数值模拟方法 [J]. 中国农业大学学报，1997（2）：45-50.

[4] 戚隆溪，黄兴法. 坡面降雨径流和土壤侵蚀的数值模拟 [J]. 力学学报，1997，29（3）：343-348.

[5] AUSTIN N R，PRENDERGAST J B. Use of Kinematic Wave Theory to Model Irrigation on Cracking Soil [J]. Irrigation Science，1997，18（1）：1-10.

[6] 李占斌，鲁克新. 透水坡面降雨径流过程的运动波近似解析解 [J]. 水利学报，2003，34（6）：8-13.

[7] 田东方，李学斌，王正中. 运动波方程的特征有限元数值模拟 [J]. 水力发电，2016，42（7）：103-106.

[8] RICHARDS L A. Capillary Conduction of Liquids through Porous Mediums [J]. Physics，1931，1（5）：318-333.

[9] COOLEY R L. Some New Procedures for Numerical Solution of Variably Saturated Flow Problems [J]. Water resources research，1983，19（19）：1271-1285.

[10] HILLS R G. Modeling one-dimensional infiltration into very dry soils—part 1：Model development and evaluation [J]. Water resources research，1989，25（6）：1259-1269.

[11] CELIA M A，BOULOUTAS E T. A Gerneral Mass-Conservative Numerical Solution for the Unsaturated Flow Equation [J]. Water resources research，1990，26（7）：1483-1496.

[12] RATHFELDER K，ABRIOLA L M. Mass Conservative Numerical Solutions of the Head—Based Richards Equation [J]. Water resources research，1994，30（30）：2579-2586.

[13] CLEMENT T P, WISE W R, MOLZ F J. A physically based, two – dimensional, finite – difference algorithm for modeling variably saturated flow [J]. Journal of hydrology, 1994, 161 (1 – 4): 71 – 90.

[14] FORSYTH P A, WU Y S, PRUESS K. Robust Numerical Methods for Saturated – Unsaturated Flow with Dry Initial Condition in Heterogeneous Media [J]. Advances in water resources, 1995, 22 (1): 92.

[15] PAN L, WARRICK A W, WIERENGA P J. Finite element methods for modeling water flow in variably saturated porous media: Numerical oscillation and mass – distributed schemes [J]. Water resources research, 1996, 32 (6): 1883 – 1890.

[16] K. – J. S. KUNG S. – H. JU. Mass Types, Element Orders and Solution Schemes for the Richards Equation [J]. Computers & Geosciences, 1997, 23 (2): 175 – 87.

[17] TOCCI M D, KELLEY C T, MILLER C T. Accurate and economical solution of the pressure – head form of Richards'equation by the method of lines [J]. Advances in water resources, 1997, 20 (1): 1 – 14.

[18] ROMANO N, BRUNONE B, SANTINI A. Numerical analysis of one – dimensional unsaturated flow in layered soils [J]. Advances in water resources, 1998, 21 (4): 315 – 324.

[19] DIERSCH H J G, PERROCHET P. On the primary variable switching technique for simulating unsaturated – saturated flows [J]. Advances in water resources, 1999, 23 (3): 271 – 301.

[20] BERGAMASCHI L, PUTTI M. Mixed Finite Elements And Newton – Type Linearizations For The Solution of Richards' Equation [J]. International journal for numerical methods in engineering, 2015, 45 (8): 1025 – 1046.

[21] DAM J C V, FEDDES R A. Numerical simulation of infiltration, evaporation and shallow groundwater levels with the Richards equation [J]. Journal of hydrology (Amsterdam), 2000, 233 (1 – 4): 0 – 85.

[22] Ewen J. Moving Packet Model for Variably Saturated Flow [J]. Water resources research, 2000, 36 (9): 2587 – 2594.

[23] KAVETSKI D, BINNING P, SLOAN S W. Adaptive time stepping and error control in a mass conservative numerical solution of the mixed form of Richards equation [J]. Advances in water resources, 2001, 24 (6): 595 – 605.

[24] MATTHEWS C J, BRADDOCK R D, SANDER G C. Modeling Flow Through a One – Dimensional Multi – Layered Soil Profile Using the Method of Lines [J]. Environmental modeling and assessment, 2004, 9 (2): 103 – 113.

[25] HAO X, ZHANG R, KRAVCHENKO A. A mass – conservative switching method for simulating saturated – unsaturated flow [J]. Journal of hydrology, 2005, 311 (1 – 4): 254 – 265.

[26] PHOON K K, TAN T S, CHONG P C. Numerical simulation of Richards equation in partially saturated porous media: under – relaxation and mass balance [J]. Geotechnical and geological engineering, 2007, 25 (5): 525 – 541.

[27] CREVOISIER D, ANDRÉ CHANZY, VOLTZ M. Evaluation of the Ross fast

solution of Richards' equation in unfavourable conditions for standard finite element methods [J]. Advances in water resources, 2009, 32 (6): 936 - 947.

[28] FAHS M, YOUNES A, LEHMANN F. An easy and efficient combination of the Mixed Finite Element Method and the Method of Lines for the resolution of Richards' Equation [J]. Environmental modelling & software, 2009, 24 (9): 1122 - 1126.

[29] ZADEH K S. A mass - conservative switching algorithm for modeling fluid flow in variably saturated porous media [J]. Journal of computational physics, 2011, 230 (3): 664 - 679.

[30] LOTT P A, WALKER H F, WOODWARD C S, et al. An accelerated Picard method for nonlinear systems related to variably saturated flow [J]. Advances in water resources, 2012, 38 (1): 92 - 101.

[31] ZHA Y, YANG J, SHI L, et al. Simulating One - Dimensional Unsaturated Flow in Heterogeneous Soils with Water Content - Based Richards Equation [J]. Vadose zone journal, 2013, 12 (2): 1 - 13.

[32] HE W, SHAO H, KOLDITZ O, et al. Comments on "A mass - conservative switching algorithm for modeling fluid flow in variably saturated porous media, K. Sadegh Zadeh, Journal of Computational Physics, 230 (2011)" [J]. Journal of computational physics, 2015, 295 (C): 815 - 820.

[33] ISLAM M S. A Mass Lumping and Distributing Finite Element Algorithm for Modeling Flow in Variably Saturated Porous Media [J]. Journal of the Korea society for industrial and applied mathematics, 2016, 20 (3): 243 - 259.

[34] LIST F, RADU F A. A study on iterative methods for solving Richards' equation [J]. Computational geosciences, 2016, 20 (2): 341 - 353.

[35] ZHANG Z, WANG W, YEH T C J, et al. Finite analytic method based on mixed - form Richards' equation for simulating water flow in vadose zone [J]. Journal of hydrology, 2016, 537: 146 - 156.

[36] SHAHROKHABADI S, VAHEDIFARD F, BHATIA M. Head - based isogeometric analysis of transient flow in unsaturated soils [J]. Computers and geotechnics, 2017, 84: 183 - 197.

[37] TAN T S, PHOON K K, CHONG P C. Numerical Study of Finite Element Method Based Solutions for Propagation of Wetting Fronts in Unsaturated Soil [J]. Journal of geotechnical and geoenvironmental Engineering, ASCE, 2004, 130 (3): 254 - 263.

[38] 陈曦, 于玉贞, 程勇刚. 非饱和渗流 Richards 方程数值求解的欠松弛方法 [J]. 岩土力学, 2012 (s1): 237 - 243.

[39] GARDNER W R. Some Steady - State Solutions of the Unsaturated Moisture Flow Equation with Application to Evaporation from a Water Table [J]. Soil science, 1958, 85 (4): 228 - 232.

[40] SRIVASTAVA R, YEH T C J. Analytical solutions for one - dimensional, transient infiltration toward the water table in homogeneous and layered soils [J]. Water resources research, 1991, 27 (5): 753 - 762.

第4章

降雨入渗模型

本章主要介绍降雨入渗模型。首先，对土壤水分入渗相关研究做了概述。然后，介绍常用的入渗模型，包括理论模型和经验模型；着重介绍了应用较为广泛的 Green - Ampt 模型及其改进，以及在边坡降雨入渗模拟中的应用。

4.1 概述

土壤水分入渗是一个十分复杂的渗流过程，是水分在重力、毛管力、大气压力、土粒间黏结力和黏着力的综合作用下，水分穿透表层土壤下渗至下层土壤，并在土壤孔隙中运移和储存形成土壤水的过程[1]。它是降水、地面水、土壤水和地下水相互转化的一个重要环节。国内外学者对土壤水分入渗问题进行了大量研究，主要包括入渗理论和模型、入渗试验及测定方法、入渗影响因素等方面。

土壤入渗理论主要包括饱和渗流理论和非饱和渗流理论，如达西定律和Richards 方程。在这些理论的基础上，人们提出了许多入渗模型，包括经验模型和理论模型，例如 Green - Ampt 模型[2]、Kostiakov 模型[3]、Horton 模型[4]、Philip 模型[5]、Holtan 模型[6]、Smith 模型[7]、方正三公式[8]、蒋定生公式[9]等。上述入渗模型或公式，无论是理论的、还是经验的，在一定程度上都反映了土壤水分入渗规律，因而具有一定的理论和实际意义。

目前，野外土壤降雨入渗的测定方法主要有注水法、人工模拟降雨以及水文资料推算法[10-13]。注水法是采用同心环渗透计测定土壤渗透率，常用的同心环为二同心铁环，内外环中维持同样水层深度，土壤入渗过程中地面始终有水层覆盖，通过记录某一时段的入渗量来计算土壤入渗率变化。人工降雨法能更真实地模拟天然降雨情况，不受地形坡度等条件的限制，在降雨强度不变条件下，通过观测地表径流，用人工降雨量和观测的径流资料计算。水文法是通过对实测降雨与径流过程资料的分析，用水文分析的方法推求其入渗方程，求得的入渗率为平均入渗率。各种方法的特点可参见相关文献。

入渗影响因素多且复杂，人们主要从土壤性质[9,14-16]、土壤表层结皮[17-21]、土壤初始含水率[22,23]、地面坡度[24,25]、降雨因素[26,27]、下垫面因素[28-31]等方面开展研究。例如在土壤性质方面，田积莹等[15]、蒋定生等[9,10,14]研究认为，土壤入渗能力的影响主要取决于土壤机械组成、水稳性团粒含量、土壤容重。土壤质地愈粗，透水性能愈强。土壤稳渗速率随着大于0.25mm的水稳性团粒含量的增加而增加。容重减小，其入渗速率增大；容重增大，土壤入渗率减小；Helalia等[16]对黏土、黏壤土、壤土进行了50个田间入渗试验，认为土壤质地与稳渗率的关系弱于结构因子与稳渗率的关系，特别是有效孔隙率与稳渗率的相关性非常显著，达极显著水平。在其他方面的影响规律研究不做过多叙述，有兴趣读者可参见相关文献。

4.2 降雨入渗基本理论

早在20世纪初，人们就开始研究降雨入渗问题，许多土壤物理学家和水文学家在这方面做了大量的研究工作。早期对入渗的研究主要集中在一维入渗模型，经过了半个多世纪的发展，一维入渗问题得到了充分和深入的研究。了解土壤水分入渗的基本知识，有助于认识土壤水分入渗特点和基本规律。下面从两种典型的入渗情形来分别介绍。

4.2.1 积水入渗

干土在积水条件下的入渗是最简单最典型的垂直入渗问题，也是最早为人们所研究的内容。Coleman和Bodma最早对这种模型做了研究，将含水量剖面分为4个区：饱和区、过渡区、传导区和湿润区。湿润区的前锋称为湿润锋。积水入渗时干土积水模型含水量的分布和分区如图4.2.1所示。

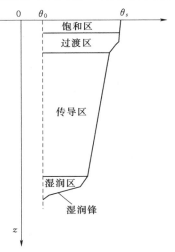

图4.2.1　积水入渗时干土积水模型含水量的分布和分区

其中，各个部分的特征如下：

（1）饱和区：土壤孔隙被水充满或处于饱和状态，该区域通常只有几毫米厚，这与积水时间有关。

（2）过渡区：该区域含水量随深度增加迅速下降，一般向下几厘米。

（3）传导区：该区域含水量随深度增加变化很小，通常传导区是一段较厚的高含水量非饱和土体。

（4）湿润区：该区域含水量随深度增加从传导区较高含水量值急剧下降到接近初始含水量。

（5）湿润锋：在干土和湿土之间形成一个陡水力梯度的锋面。

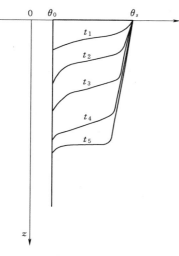

图 4.2.2　干水积水后土壤含水量
分布随时间的变化示意图

对入渗的认识仅停留在了解其典型的含水量分布和分区是不够的，重要的是分析入渗后土壤剖面中含水量分布随时间变化和湿润锋前移规律以及入渗率的变化规律。干土积水后，土壤含水量分布随时间的变化如图 4.2.2 所示。通过对积水模型入渗的观察，对土壤中含水量的变化可以得出如下结论：

（1）在水施加于土壤表面后很短时间内，表土的含水量 θ 将很快地由初始值 θ_0 增大到某一最大值 θ_i，由于完全饱和在自然条件下一般是不可能的，故值 θ_i 较饱和含水量 θ_s 略小。

（2）随着入渗的进行，湿润锋不断前移，含水量的分布由比较陡直逐渐变为相对缓平。

（3）在地表 $z=0$ 处，含水量梯度 $\dfrac{\partial \theta}{\partial z}$ 的绝对值逐渐由大变小，当 t 足够大时，$\dfrac{\partial \theta}{\partial z} \rightarrow 0$，即地表附近含水量不变。

4.2.2　降雨入渗

土壤的入渗率也称土壤的入渗性、入渗能力，即单位时间内通过地表单位面积入渗到土壤中的水量，通常以 $i(t)$ 或者 $f(t)$ 表示。它和累计入渗量 $I(t)$ 的关系如下：

$$i(t)=\frac{\mathrm{d}I(t)}{\mathrm{d}t} \qquad (4.2.1)$$

还可以用此时地表处的水通量来表示：

$$i(t)=K\frac{\partial H}{\partial N}\bigg|_{gs} \qquad (4.2.2)$$

式中：N 为地表处的法向向量；H 为地表的水头；gs 为地表表面。

天然条件下土壤中各点的含水量因所处位置和时间而异。为区分不同含水量土壤水分所具有的不同特性，常把土壤中所含水分按其形态特征区分为若干形态。存在于土壤中的液态水常可区分为以下 4 种形态：

（1）吸湿水。单位体积土壤具有的土壤颗粒表面积很大，因而具有很强的吸附力，能将周围环境中的水汽分子吸附于自身表面。这种束缚在土粒表面的水分称为吸湿水。

（2）薄膜水。当吸湿水达到最大量时土粒已无力吸附空气中活动力较强的水汽分子，只能吸持周围环境中处于液态的分子。由于这种吸着力吸持的水分使吸湿水外面的水膜逐渐加厚，形成连续的水膜，故称为薄膜水。

（3）毛管水。土壤颗粒间细小的孔隙可视为毛管。毛管中水气界面为一弯月面，弯月面下的液态水因表面张力作用而承受吸持力，该力又称为毛管力。土壤中薄膜水达到最大值后，多余的水分便由毛管力吸持在土壤的细小孔隙中，称为毛管水。

（4）重力水。毛管力随毛管直径的增大而减小，当土壤孔隙直径足够大时，毛管作用便十分微弱，习惯上称土壤中这种较大直径的孔隙为非毛管孔隙。若土壤的含水量超过了土壤的田间含水量，多余的水分不能为毛管力所吸持，在重力作用下将沿非毛管孔隙下渗，这部分土壤水分称为重力水。当土壤中的孔隙全部为水所充满时，土壤的含水量称为饱和含水量或全部蓄水量。

降雨入渗实质上是水分在土壤包气带中的运动，是一个涉及两相流的过程，即水在下渗过程中驱赶并替代空气的过程。降雨入渗是一个非常不恒定的过程，入渗率又与地表介质的含水量密切相关，这种入渗过程十分复杂。

对于一个降雨入渗过程而言，降雨强度 $R(t)$ 通常可实测得知。如果 $R(t)$ 不超过土壤的入渗能力，将不形成积水或地表径流。土壤含水率变化的示意图如图 4.2.3 所示。如果 $R(t)$ 超过土壤的入渗能力，将形成积水或地表径流。

通过对入渗过程的分析，土壤含水量的分布可以得出以下结论：

（1）降雨开始，地表含水量增大，在地表处形成很大的含水率梯度，由式（4.2.2）

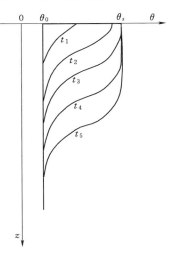

图 4.2.3　降水时（无地表积水）含水率分布示意图（t_1 至 t_5 依次增大）

可知，此时土壤的入渗性能很大，因此此时含水率曲线比较陡。

（2）随着降雨时间的持续，地表处的含水量逐渐增大，此时含水量梯度逐渐减小。

4.3 常见降雨入渗模型

大量学者通过深入研究降雨入渗过程，提出了许多实用的模型来描述土壤入渗。本节介绍几种常见的降雨入渗经验模型或理论模型。

4.3.1 理论模型

1. Green – Ampt 模型

Green 和 Ampt[2]于 1911 年根据最简单的土壤物理模型，基于饱和入渗理论，推出了一维土壤水分入渗方程：

$$i(t) = K_s \frac{Z_f + S_f + H}{Z_f} \tag{4.3.1}$$

式中：$i(t)$ 为土壤入渗速率，cm/min；K_s 为饱和导水率，cm/min；H 为土壤表层积水深度，cm；S_f 为湿润锋面吸力，cm；Z_f 为湿润锋深度，cm。

2. Philip 模型

Philip[4]对 Richards 方程进行了系统的研究，于 1957 年提出了方程的解析解，作为降雨入渗模型的近似公式：

$$I(t) = \int_{\theta_i}^{\theta_0} z(\theta, t) \mathrm{d}\theta = k(\theta_i) t \tag{4.3.2}$$

式中：$I(t)$ 为累积入渗量；$z(\theta, t)$ 为土壤含水量；θ_i 为土壤初始含水量；θ_0 为土壤饱和含水量；$k(\theta_i)$ 为初始含水率时的导水率；t 为时间。

在此基础上得出了 Philip 简化公式：

$$i(t) = i_c + \frac{s}{z t^{1/2}} \tag{4.3.3}$$

式中：$i(t)$ 为入渗速率；s 为吸渗率，$s = \int_{\theta_i}^{\theta_0} \eta_1(\theta) \mathrm{d}\theta$ ；i_c 为稳渗速率，$i_c = \int_{\theta_i}^{\theta_0} [\eta_2(\theta) + K(\theta_i)] \mathrm{d}\theta$ ；其他符号同前。

该式得到了田间试验资料的验证，具有重要的应用价值，但 Philip 公式是在半无限均质土壤、初始含水率分布均匀、有积水条件下求得的，因此，该式仅适于均质土壤一维垂直入渗的情况，对于非均质土壤，还需进一步研究和完善。再者自然界的入渗主要是降雨条件下的入渗，其和积水入渗具有很大的差异，因而将其直接用于入渗计算不够确切。

4.3.2　经验模型

1. Kostiakov 模型

该公式由 Kostiakov[3] 于 1932 年提出：

$$i(t) = \alpha t^{-\beta} \tag{4.3.4}$$

式中：$i(t)$ 为 t 时刻的入渗率；$\alpha(\alpha > 0)$、$\beta(0 < \beta < 1)$ 为经验系数，根据土壤及入渗初始条件来确定，由试验或实测资料拟合得出，本身没有物理意义。

对式（4.3.2），从 0 到 t 积分可得累计入渗量 $I(t)$：

$$I(t) = \frac{\alpha}{(1-\beta)} t^{(1-\beta)} \tag{4.3.5}$$

对于式（4.3.4），当 t 趋近于 0 时，i 趋近于无穷大，而当 t 趋近于无穷大时，入渗率 i 趋近于 0，而不是趋近于一个稳定值，这只在水平吸渗的条件下才可能，垂直入渗时显然不符合，所以公式只能适用于 $t < t_{max}$ 的情形，其中 $t_{max} = \left(\dfrac{\alpha}{K_s}\right)^{\frac{1}{\beta}}$，$K_s$ 为饱和渗透系数。Kostiakov 公式在小的时间范围内能够很好地估算入渗率，但在大的时间范围内则不够精确。

2. 方正三公式

方正三等[8] 在 Kostiakov 公式的基础上，对大量野外实测资料进行分析，于 1958 年提出如下入渗公式：

$$k_t = k + k_1/t^\alpha \tag{4.3.6}$$

式中：k、k_1、α 分别为与土壤质地、含水率及降雨强度有关的参数。

3. 蒋定生公式

蒋定生等[9] 在分析 Kostiakov 和 Horton 入渗公式的基础上，结合黄土高原大量的野外测试资料，于 1986 年提出了描述黄土高原土壤在积水条件下的入渗公式：

$$f = f_c + (f_1 - f_c)/t^\alpha \tag{4.3.7}$$

式中：f 为 t 时间时的瞬时入渗速率；f_1 为第 1min 末的入渗速率；f_c 为土壤稳渗速率；t 为入渗时间；α 为指数。

当 $t = 1$ 时，式中左边等于 f_1；当 $t \to \infty$ 时，$f = f_c$，该式物理意义比较明确。

4.3.3　半经验模型

1. Horton 模型

Horton[4] 通过入渗试验研究，于 1940 年提出如下公式计算入渗率：

$$i(t) = i_f + (i_0 - i_f)e^{-rt} \tag{4.3.8}$$

$$I(t) = i_f t + \frac{1}{\gamma}(i_0 - i_f)(1 - e^{-n}) \tag{4.3.9}$$

式中：i_0、i_f 分别为假设的初始和最终的入渗率；r、γ 为经验系数；e 为自然常数。

Horton 公式能够反映 t 趋近于无穷大时入渗率趋近一个稳定值，但是不能很好地反映入渗率随时间 t 迅速下降的过程。

2. Holtan 模型

Holtan[6]于 1961 年给出一个入渗公式，表示的是入渗率与表层土壤蓄水量之间的关系：

$$i(t) = i_c + \alpha(w - I)^n \tag{4.3.10}$$

其中
$$w = (\theta_s - \theta_i)d \tag{4.3.11}$$

式中：i_c、α、n 为与土壤及农作物种植条件有关的经验参数；w 为表层厚度为 d 的表层土壤在入渗开始时的容许储水量。

3. Smith 模型

Smith[7]根据土壤水分运动的基本方程，对不同质地各类土壤，进行了大量的降雨入渗数值模拟计算，于 1972 年提出了一种入渗模型：

$$i = Rt \leqslant t_p \tag{4.3.12}$$

$$i = i_\infty + A(t - t_0)^{-\alpha} t > t_p \tag{4.3.13}$$

式中：i_∞、A、t_0、α 分别为与土壤质地、初始含水量及降雨强度有关的参数；R 为降雨强度；t_p 为开始积水时间；i_∞ 为土壤稳渗速率。

4.3.4 各模型的简单比较

上述的土壤水分入渗模型可以分为三大类，分别为：物理意义明确的土壤水分入渗模型，如 Green - Ampt 模型、Philip 模型等；半经验入渗模型，如 Horton 模型等；经验入渗模型，如 Kostiakov 模型等[32]。Kostiakov 模型表达式简单，计算方便，适用范围较广，但物理意义不明确；Philip 模型是基于 Richard 理论推导而来，表达式较 Kostiakov 模型复杂，仅适用于模拟均质土壤一维垂直入渗过程，对积水入渗、降雨条件土壤入渗和非均质土壤水分入渗过程的模拟精度有待改进；Green - Ampt 模型的物理意义明确，但模型中的部分参数测量较复杂；Horton 模型在土壤水分入渗稳定阶段的模拟精度较高[32]。2005 年 Regalado 等[33]对比研究 Philip 入渗模型和 Green - Ampt 模型之间的差异，发现两个入渗模型具有类似的物理基础，但 Green - Ampt 入渗模型对入渗时间较长的水分运移过程模拟精度高于 Philip 入渗模型，且 Philip

模型对各参数精度要求较高。Mishra 等[34] 对比分析了 Kostiakov 模型、Philip 模型、Green - Ampt 模型和 Horton 模型 4 种模型的精度，发现模拟精度的排列次序为：Horton 模型＞Kostiakov 模型＞Green - Ampt 模型＞Philip 模型。

4.4 Green - Ampt 模型简介

在上节介绍的常见降雨入渗模型中，由于 Green - Ampt 模型物理意义明确且简单实用，因此得到了广泛关注和研究。Green - Ampt 入渗模型有以下 5 个假设：①湿润土壤含水量达到饱和含水状态，水分运移过程符合 Darcy 定律；②湿润锋前方的土壤空气压力 P_a 为恒定值；③湿润区饱和含水状态的土壤含水量恒定，不随土壤水分入渗时间而变化；④湿润锋处水压为恒定值；⑤湿润锋由初始含水量变为饱和含水量的土层厚度可以忽略。

该模型假定在土壤水分入渗过程中，处于饱和水状态的土壤中存在干湿区域截然分开的湿润锋面；当湿润锋前方的土壤含水量低于湿润锋后方时，湿润锋前方的土壤含水量为初始含水量 θ_i，湿润锋后方为饱和含水量 θ_s。随着入渗时间延长，土壤整个剖面的水分呈阶梯状分布，含水量剖面如图 4.4.1 所示。因此，Green - Ampt 入渗模型又称为活塞置换模型。

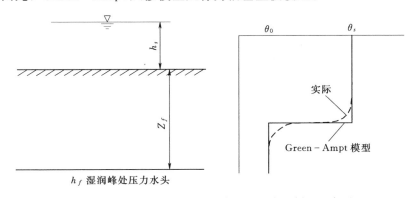

图 4.4.1 Green - Ampt 模型参数及含水量剖面示意图

假设 Z_f 为湿润锋的位置；h_s 为地表积水深度；h_f 为湿润锋处的平均基质吸力，取正值。由图 4.4.1 可知，在地表的总水头 $\phi_A = h_s$，在湿润锋处总水头为 $\phi_B = -Z_f - h_f$。根据达西定律，可以求出在湿润锋处的入渗率 i 为

$$i = K_s \frac{\phi_A - \phi_B}{Z_f} = K_s \frac{Z_f + h_s + h_f}{Z_f} \qquad (4.4.1)$$

式中：K_s 为饱和渗透系数。

根据质量守恒，则累计入渗量 I 为

$$I = (\theta_s - \theta_0) Z_f \tag{4.4.2}$$

式中：θ_s 为饱和体积含水量；θ_0 为初始体积含水量。

累计入渗量 I 与入渗率 i 的关系为

$$\frac{\mathrm{d}I}{\mathrm{d}t} = i \tag{4.4.3}$$

式中：t 为湿润峰面到达 Z_f 处的时间。

将式（4.4.2）和式（4.4.1）代入式（4.4.3）有

$$(\theta_s - \theta_0) \frac{\mathrm{d}Z_f}{\mathrm{d}t} = K_s \frac{Z_f + h_s + h_f}{Z_f} \tag{4.4.4}$$

对式（4.4.4）采用分离变量法，并结合初始条件 $t = 0$ 时，$Z_f = 0$，可得：

$$t = \frac{\theta_s - \theta_0}{K_s} (Z_f + h_s + h_f) \ln \frac{Z_f + h_s + h_f}{Z_f} \tag{4.4.5}$$

在使用时，式（4.4.5）往往写成：

$$t = \frac{1}{K_s} (I + h_s \Delta\theta + h_f \Delta\theta) \ln\left(1 + \frac{h_s \Delta\theta}{I} + \frac{h_f \Delta\theta}{I}\right) \tag{4.4.6}$$

式中：$\Delta\theta = \theta_s - \theta_0$。

当地表积水深度可以忽略时，式（4.4.6）又可进一步简化为

$$t = \frac{1}{K_s} (I + h_f \Delta\theta) \ln\left(1 + \frac{h_f \Delta\theta}{I}\right) \tag{4.4.7}$$

为方便使用，这里给出 Almedeij 和 Esen[35] 的研究中各类土的 K_s 和 $h_f \Delta\theta$ 取值，见表 4.4.1。

表 4.4.1　　　　　　　各类土的 Green - Ampt 模型参数取值

序号	土体类型	K_s/(mm/h)	$h_f \Delta\theta$/mm
1	粉砂壤土（silt loam）	6.5	56.8
2	砂土（sandy soil）	49.8	101.2
3	砂壤土（sandy loam）	22	45
4	粉土（silt）	5	95
5	粉质黏壤土（silty clay loam）	1.8	202.4

图 4.4.2 给出了当 $K_s = 6.5$mm/h 和 $h_f \Delta\theta = 56.8$mm 时，入渗率和累积入渗量随时间的变化规律。

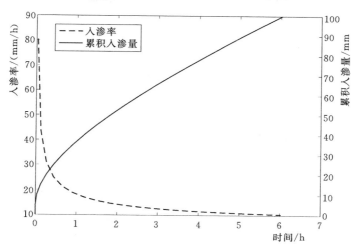

图 4.4.2 入渗率和累积入渗量随时间的
变化规律（$K_s = 6.5\text{mm/h}$ 和 $h_f\Delta\theta = 56.8\text{mm}$）

4.5 Green – Ampt 模型的发展

4.5.1 模型的进一步讨论

从上节中 Green – Ampt 入渗模型的介绍中可以看出，应用该模型时存在以下两个主要问题：①湿润锋面吸力 S_f 难以测定；②累积入渗量 $I(t)$、土壤水分入渗速率 $i(t)$ 与入渗时间 t 均为隐函数关系，不方便使用。

1. S_f 的确定方法

土壤湿润锋面吸力 S_f 与实测的土壤持水性和非饱和导水率之间没有直接关系，该参数无法使用物理方法直接获得。为此，Bouwer[36]假设该参数是无量纲形式的相对导水率 K_r 和基质压力势 h 的函数，表达式为

$$S_f = \int_0^h K_r(h)\,\mathrm{d}h \qquad (4.5.1)$$

式（4.5.1）是模拟土壤水分水平运移过程计算公式直接运用于土壤水分垂直入渗推导而来，该式模拟土壤水分垂直入渗过程的精确度较差。为此，Bouwer[37]采用现场观测进气吸力实验装置估算土壤湿润锋面吸力 S_f，但 S_f 计算过程中需要获得土壤水分运动参数和土壤含水量实测值之间的关系式，该改进方法在实际应用中仍然受到一定的限制。

Mein 等[38]提出的计算方法为

$$S_f = \int_0^1 h \, \mathrm{d}k_r(\theta) \qquad (4.5.2)$$

式中：$k_r(\theta)$ 为土壤相对导水率，cm/min；h 为基质吸力。

由于当 k_r 趋近 0 时，基质吸力将趋于无穷大，因此 Mein 等建议积分下限取为 0.01。

Morel – Seytoux 等[39]假定空气不可压缩且在常温下保持不变，得到 S_f 计算公式：

$$S_f = \int_0^{h_{ci}} f_w \, \mathrm{d}h \qquad (4.5.3)$$

$$f_w = (k_{rw}/\_w)/(k_{rw}/\_w + k_{ra}/\_a) \qquad (4.5.4)$$

式中：h_{ci} 为土壤浸润锋下方任意位置的毛细压力值，kPa；k_{rw}、k_{ra} 分别为水和空气的相对导水率，cm/min；$\_w$、$\_a$ 分别为水和空气的动力黏滞系数，10^{-6} kPa。

Brakensiek[40]基于不同质地土壤水分特征曲线，研究了进气压力与 S_f 之间的函数关系，采用作图法确定 S_f，该方法的计算准确度取决于土壤水分特征曲线的拟合精度和土壤含水量及土壤水吸力的测量精度，操作简单。

Chong 等[41]根据前人研究得到的土壤导水率 K_s 与湿润锋压力势的关系式，提出了 S_f 计算公式：

$$S_f = m(\theta_s/a)^{nb}[(b-1)(b-1+n)]\frac{1-(\theta_i/\theta_s)^{(b+n-1)/b}}{1-(\theta_i/\theta_s)^{(b-1)/b}} \qquad (4.5.5)$$

式中：m、n、a、b 为常量。

实测验证发现式（4.5.5）仅适合于模拟初始干燥土壤的脱水过程。

White 等[42]引入土壤宏观毛管长度，也称为代表性边缘高度、半吸力长度或临界压力，是一项通用性较强的土壤标定长度指标，其定义公式为

$$S_f = bS^2[\theta(\psi_0) - \theta(\psi_n)]K_s \qquad (4.5.6)$$

式中：S 为土壤吸力，mm/h$^{1/2}$；$\theta(\psi_0)$、$\theta(\psi_n)$ 分别为基质势上限 ψ_0 和下限 ψ_n 时对应的土壤含水量，%；b 为拟合参数，取值范围介于 0.5 和 $\pi/4$ 之间，取值受土壤水扩散率函数形状的影响，一般取值为 0.55。

Swartzendruber[43]提出了 S_f 平均值计算方法：

$$S_f = \frac{1}{k(\psi_0)} \int_{\psi_n}^0 k(\psi) \, \mathrm{d}\psi \qquad (4.5.7)$$

在上述的确定方法里，Mein 等提出的公式应用较为广泛。

2. $i(t)$ 计算方法的改进

Green – Ampt 入渗模型和 Philip 入渗模型具有类似的物理基础，模型中

各参数可以互相推导[44,45]。Philip[44]系统研究 Richard 方程后，认为在土壤水分入渗过程中，任意时刻的土壤水分入渗速率与入渗时间呈幂函数关系。基于此，他于 1957 年提出了土壤水分入渗速率 $i(t)$ 近似显函数关系式：

$$i(t) = K_s \left(1 + \sqrt{\frac{\Delta h S_f}{4bK_s t}}\right) \tag{4.5.8}$$

式中：Δh 为土壤基质势上限和下限的差值，无量纲；t 为土壤水分入渗时间，min；b 为拟合参数，无量纲。

Li 等[46]于 1976 年基于无量纲的 Green - Ampt 模型，提出一种近似的累积入渗量显式公式：

$$t^* = \frac{K_s t}{S \Delta \theta} \tag{4.5.9}$$

$$F^*(t^*) = \frac{F(t)}{S \Delta \theta} \tag{4.5.10}$$

$$F^*(t^*) = 0.5(t^* + \sqrt{t^{*2} + 8t^*}) \tag{4.5.11}$$

Almedeij 等[35]在 Li 等的基础上，于 2014 年进一步提出了另一种显式降雨入渗模型：

$$F^*(t^*) = \left[\frac{1}{\left(\frac{i}{K_s}t^*\right)^{-m} + (0.65t^* + \sqrt{0.25t^{*2} + 2t^*})^{-m}}\right]^{-m} \tag{4.5.12}$$

式中：i 为降雨强度。

唐岳灏等[47]构造了一组幂函数作为基函数，通过最小化近似解与精确解之间的误差，实现对 Green - Ampt 模型的逼近。具体可参见相关文献。

图 4.5.1、图 4.5.2 分别给出了当 $K_s = 6.5\text{mm/h}$ 和 $h_f \Delta \theta = 56.8\text{mm}$ 时，利用式（4.5.9）～式（4.5.11）计算的不同地表积水深度时入渗率和累积入渗量随时间的变化规律。

4.5.2　模型的扩展

当人们将 Green - Amp 入渗模型应用到实际时，发现模型各参数计算、模型适用范围等方面存在一些缺陷。Green - Ampt 模型最初只适用于模拟初始干燥土壤的一维入渗过程，而实际工程中的情景要更加复杂。为扩展该模型的应用范围，国内外学者对该模型进行大量的改进研究。例如，1966 年 Fok 等[48]对 Green - Ampt 模型进行改进，推出无量纲表达式；并在随后的研究

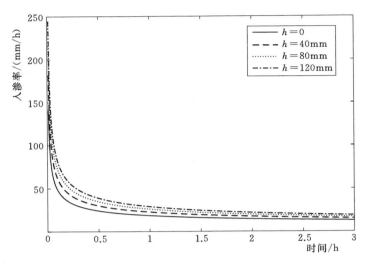

图 4.5.1　不同积水深度 h 下入渗率与时间关系
（$K_s = 6.5\text{mm/h}$ 和 $h_f \Delta\theta = 56.8\text{mm}$）

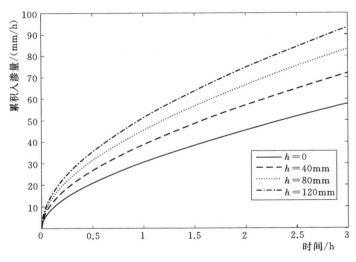

图 4.5.2　不同积水深度 h 下累积入渗量与时间关系
（$K_s = 6.5\text{mm/h}$ 和 $h_f \Delta\theta = 56.8\text{mm}$）

中，对无量纲表达式进行了进一步的扩展。1970 年 Hillel 等[17]、1974 年 Ahuja[49] 应用 Green – Ampt 入渗模型研究了土壤水分在具有表层结皮土壤中的入渗过程。1973 年 Mein 等[50] 研究在恒定降雨条件土壤水分入渗模型，即 GAML（the Green – Ampt Mein – Larson infiltration model）模型。1978 年

Shu[51]在 GAML 模型的基础上，提出了非恒定降雨条件下 Green – Ampt 入渗模型，并与 WEPP 模型共同使用。2006 年 Chen 等[52]、2008 年 Gavin 等[53]、2014 年 Dorofki 等[54]、2016 年张洁等[55]提出适用于斜坡的 Green – Ampt 入渗模型。2009 年 Gowdish 等[56]改进 Green – Ampt 入渗模型，提出了 MGAR（modified Green – Ampt with Redistribution）模型，对暴雨后土壤水分入渗过程进行模拟，并对表层土壤含水量进行预测。2010 年 Hammecker 等[57]依据 Green – Ampt 入渗模型建立了形式更为复杂的两相流模型，该模型仅适合在具有浅层地下水位的均质土壤使用。2011 年 Barrera 等[58]引入新参数，提出适用于模拟洪水过后土壤水分入渗过程的 Green – Ampt 入渗模型。2013 年 Langhans 等[59]考虑了微地貌对 Green – Ampt 入渗模型的影响。2013 年 Paulus 等[60]将 Green – Ampt 入渗模型嵌入 3D 非饱和渗流模型。总体而言，Green – Ampt 模型不断引入新参数，扩展了适用范围。目前，扩展后的模型不仅适用于均质土壤，还可模拟初始含水量不均匀土壤、分层土壤水分入渗过程，以及浑水、泥沙水灌溉条件下土壤水分入渗过程[32]。

在上述研究中，与边坡降雨入渗问题较为密切的是 Mein 等[49]和 Chen 等[51]的研究。前者使 Green – Ampt 模型可以应用于降雨入渗模拟；后者则进一步将其扩展到了边坡降雨入渗的模拟。有学者基于边坡降雨入渗模型，进一步提出了强降雨时边坡稳定性评价模型[61-64]，有兴趣读者可参阅相关文献。

参 考 文 献

[1] BHARATI L，LEE K H，ISENHART T M，et al. Soil – water infiltration under crops, pasture, and established riparian buffer in Midwestern USA ［J］. Agroforestry systems，2002，56（3）：249 – 257.

[2] HEBER G W，AMPT G A. Studies on Soil Physics ［J］. Journal of agricultural science，1911，4（1）：1 – 24.

[3] Kostiakov A M. On the Dynamics of the Coeffient of Water Percolation in Sails and on the Necessity of Studying It from Dynamic Point of View for Purpose of Amelioration ［J］. Soil science，1932，97（1）：17 – 21.

[4] HORTON R E. An Approach toward a Physical Interpretation of Infiltration – Capacity ［J］. Soilsc science society，1940，5（3）：399 – 417.

[5] PHILIP J R. The Theory of Infiltration About Sorptivity and Algebraic Infiltratione Quations ［J］. Soil science，1957，84（4）：257 – 264.

[6] HOLTAN H N. concept for infiltration estimates in watershed engineering ［J］. Aiche journal，1961，150（1）：B16 – B25.

[7] Roger E. S. The Infiltration Envelope：Results from a Theoretical Infiltrometer ［J］. Journal of hydrology，1972，17（1）：1 – 22.

［8］ 方正三，杨文治，周佩华. 黄河中游黄土高原梯田的调查研究［M］. 北京：科学出版社，1958.

［9］ 蒋定生，黄国俊. 黄土高原土壤入渗速率的研究［J］. 土壤学报，1986（4）：299－305.

［10］ 蒋定生. 黄土高原水土流失与治理模式［M］. 北京：中国水利水电出版社，1997.

［11］ 蒋太明，刘海隆，刘洪斌，等. 黄壤坡地土壤水分入渗垂直变异特征分析［J］. 水土保持学报，2004，18（3）：49－52.

［12］ 赵西宁，吴发启. 土壤水分入渗的研究进展和评述［J］. 西北林学院学报，2004，19（1）：42－45.

［13］ 戴智慧，蒋太明，刘洪斌. 土壤水分入渗研究进展［J］. 贵州农业科学，2008，36（5）：77－80.

［14］ 蒋定生，黄国俊，谢永生. 黄土高原土壤入渗能力野外测试［J］. 水土保持通报，1984（4）：7－9.

［15］ 田积莹，黄义端，雍绍萍. 黄土地区土壤物理性质及与黄土成因的关系［J］. 水土保持研究，1987（1）：1－12.

［16］ HELALIA A M. The relation between soil infiltration and effective porosity in different soils［J］. Agricultural water management，1993，24（1）：39－47.

［17］ HILLEL D，GARDNER W R. Transient infiltration into crust－topped profiles［J］. Soil science，1970，108（10）：69－76.

［18］ Eigel J D，Moore T D. Effect of Rainfall Energy on Infiltration into a Bare Soil［J］. ASAE Publication，1983（2）：188－200.

［19］ 江忠善，宋文经，李秀英. 黄土地区天然降雨雨滴特性研究［J］. 中国水土保持，1983（3）：32－36.

［20］ 王燕. 黄土表土结皮对降雨溅蚀和片蚀影响的试验研究［D］. 西安：中国科学院西北水土保持研究所，1992.

［21］ BAUMDHARD R L，M RÖMKENS M J M，WHISLER F D，et al. Modeling Infiltration into a Sealing Soil［J］. Water resources research，1990，26（10）：2497－2505.

［22］ BODMAN G B，COLMAN E A. Moisture and Energy Conditions during Downward Entry of Water Into Soils1［J］. Soil science society of America journal，1944，8（8）：166－182.

［23］ 贾志军，王贵平，李俊义，等. 土壤含水率对坡耕地产流入渗影响的研究［J］. 中国水土保持，1987（9）：27－29，66.

［24］ 郭继志. 关于坡度与径流量和冲刷量关系问题的探讨［J］. 黄河建设，1958（3）：48－50.

［25］ 蒋定生，黄国俊. 地面坡度对降水入渗影响的模拟试验［J］. 水土保持通报，1984（4）：10－13.

［26］ Rubin J. Theory of Rainfall Uptake by Soils Initially Drier Than Their Field Capacity and Its Applications［J］. Water resources research，1966，2（4）：739－749.

［27］ Akan A O，Yen B C. Effect of Rain Intensity on Infiltration and Surface Runoff Rates［J］. Technical conference：productivity development in the agricultural sector and its impact on the arab food security. Amman，1984：24－28.

［28］ 朱显谟. 黄土高原水蚀的主要类型及其有关因素［J］. 水土保持通报, 1982(3)：40－44.

［29］ 罗伟祥, 白立强, 宋西德, 等. 不同覆盖度林地和草地的径流量与冲刷量［J］. 水土保持学报, 1990（1）：30－35.

［30］ 周择福, 洪玲霞. 不同林地土壤水分入渗和入渗模拟的研究［J］. 林业科学, 1997, 33（1）：9－17.

［31］ 王晓燕, 高焕文, 杜兵, 等. 用人工模拟降雨研究保护性耕作下的地表径流与水分入渗［J］. 水土保持通报, 2000, 20（3）：23－25.

［32］ 朱昊宇, 段晓辉. Green－Ampt 入渗模型国外研究进展［J］. 中国农村水利水电, 2017（10）：6－12.

［33］ REGALADO C M, RITTER A, ÁLVAREZ－BENEDÍ J, et al. Simplified Method to Estimate the Green－Ampt Wetting Front Suction and Soil Sorptivity with the Philip－Dunne Falling－Head Permeameter［J］. Vadose zone journal, 2005, 4（2）：291－299.

［34］ MISHRA S K, TYAGI J V, SINGH V P. Comparison of infiltration models［J］. Hydrological processes, 2003, 17（17）：2629－2652.

［35］ ALMEDEIJ J, ESEN I I. Closure to "Modified Green－Ampt Infiltration Model for Steady Rainfall" by J. Almedeij and I. I. Esen［J］. Journal of hydrologic engineering, 2015, 20（4）：07014011.

［36］ BOUWER H. Unsaturated Flow in Ground－Water Hydraulics［J］. Journal of the hydraulics division of the American society of civil engineers, 1964：121－144.

［37］ BOUWER H. FIELD R Measurement of Air Entry Value and Hydraulic Conductivity of Soil as Significant Parameters in Flow System Analysis［J］. Water resources research, 1966, 2（4）：729－738.

［38］ Mein, R. G., and Larson, C. L. Modeling infiltration during steady rain［J］. Water resources research., 1973, 9（2）：384－394.

［39］ Morel－Seytoux H J, Khanji J. Derivation of an Equation of Infiltration［J］. Water resources research, 1974, 10（4）：795－800.

［40］ Brakensiek D L. Estimating the Effective Capillary Pressure in the Green－Ampt Infiltration Equation［J］. Water resources research, 1977, 13（3）：680－682.

［41］ CHONG S K, GREEN R E, AHUJA L R. Infiltration Prediction Based on Estimation of Green－Ampt Wetting Front Pressure Head from Measurements of Soil Water Redistribution1［J］. Soil science society of America journal, 1982, 46（2）：235－239.

［42］ WHITE I, SULLY M J. Macroscopic and Microscopic Capillary Length and Time Scales from Field Infiltration［J］. Water resources research, 1987, 23（8）：1514－1522.

［43］ Swartzendruber D. Derivation of a Two－Term Infiltration Equation from the Green－Ampt Model［J］. Journal of hydrology, 2000, 236（3）：247－251.

［44］ PHILIP J R. The Theory of Infiltration：1. The Infiltration Equation and Its Solution［J］. Soil science, 1957, 83（5）：345－358.

［45］ BAGARELLO V, IOVINO M, ELRICK D E. A Simplified Falling－Head Technique for Rapid Determination of Field – Saturated Hydraulic Conductivity [J]. Soil science society of America journal, 2004, 68 (1): 66 – 73.

[46] Li, R. M., Simons, D. B., Stevens, M. A. Solutions to Green – Ampt infiltration equation [J]. J. Irrig. Drain. Div., 1976, 102 (2), 239 – 248.

[47] 唐岳灏, 路立新. Green – Ampt 入渗模型的一种显式近似解 [J]. 水电能源科学, 2017 (6): 19 – 22.

[48] Yu Si Fok, Vaughn E Hansen. One – Dimensional Infiltration into Homogeneous Soil [J]. Journal of the irrigation and drainage division, 1966, 92 (3): 35 – 50.

[49] AHUJA L R. Applicability of Green – Ampt Approach to Water Infiltration through Surface Crust [J]. Soil science, 1974, 118 (5): 283 – 288.

[50] MEIN R G, LARSON C L. Modeling Infiltration During a Steady Rain [J]. Water resources research, 1973, 9 (2): 384 – 394.

[51] CHU S T. Infiltration During an Unsteady Rain [J]. Water resources research, 1978, 14 (3): 461 – 616.

[52] CHEN L, YOUNG M H. Green – Ampt infiltration model for sloping surfaces [J]. Water resources research, 2006, 42 (7): 887 – 896.

[53] GAVIN K, XUE J. A simple method to analyze infiltration into unsaturated soil slopes [J]. Computers and geotechnics, 2008, 35 (2): 223 – 230.

[54] DOROFKI M, ELSHAFIE A H, JAAFAR O, et al. GIS – ANN – Based Approach for Enhancing the Effect of Slope in the Modified Green – Ampt Model [J]. Water resources management an international journal published for the european water resources association, 2014, 28 (2): 391 – 406.

[55] 张洁, 吕特, 薛建锋, 等. 适用于斜坡降雨入渗分析的修正 Green – Ampt 模型 [J]. 岩土力学, 2016, 37 (9): 2451 – 2457.

[56] GOWDISH L, MUÑOZ – CARPENA R. An Improved Green – Ampt Infiltration and Redistribution Method for Uneven Multistorm Series [J]. Vadose zone journal, 2009, 8 (8): 470 – 479.

[57] HAMMECKER C, ANTONINO A C D, MAEGHT J L, et al. Experimental and numerical study of water flow in soil under irrigation in northern Senegal: evidence of air entrapment [J]. European journal of soil science, 2010, 54 (3): 491 – 503.

[58] BARRERA D, MASUELLI S. An extension of the Green – Ampt model to decreasing flooding depth conditions, with efficient dimensionless parametric solution [J]. Hydrological sciences journal, 2011, 56 (5): 824 – 833.

[59] LANGHANS C, GOVERS G, DIELS J. Development and parameterization of an infiltration model accounting for water depth and rainfall intensity [J]. Hydrological processes, 2013, 27 (25): 3777 – 3790.

[60] PAULUS R, DEWALS B J, ERPICUM S. Nnovative Modelling of 3d Unsaturated Flow in Porous Media by Coupling Independent Models for Vertical and Lateral Flows [J]. Journal of computational and applied mathematics, 2013, 246: 38 – 51.

[61] 马世国. 强降雨条件下基于 Green – Ampt 入渗模型的无限边坡稳定性研究 [D]. 杭州: 浙江大学, 2014.

［62］ 常金源，包含，伍法权，等. 降雨条件下浅层滑坡稳定性探讨［J］. 岩土力学，
2015，36（4）：995 - 1001.

［63］ 汪丁建，唐辉明，李长冬，等. 强降雨作用下堆积层滑坡稳定性分析［J］. 岩土力
学，2016，37（2）：439 - 445.

［64］ 王进，冷先伦，阮航，等. 强降雨作用下浅层滑坡的入渗及稳定性［J］. 东南大学学
报（自然科学版），2016，46（s1）：153 - 158.

第 5 章

坡体渗流与坡面径流数值模型

本章首先概述针对坡体非饱和渗流和坡面径流过程的有限元法模拟研究，然后介绍同时模拟渗流场和径流场的耦合求解模型和同步求解模型，着重阐述三维同步求解模型的构建和验证，以及该模型在边坡降雨入渗中影响因素和排水沟数值模拟中的应用。

5.1 概述

降雨条件下降雨入渗与坡面径流规律的研究引起了岩土工程、减灾防灾、水土保持等领域学者的高度重视，随着人们对降雨入渗过程研究的不断深入，取得了许多有益的研究成果，但由于问题本身的复杂性，目前这一课题仍然是学术界的重点研究内容之一。

许多学者对坡面径流及降雨入渗规律进行了大量的研究工作，并建立了相应的求解方法。1981 年，Akan 等[1]提出了多孔介质上浅水运动的数学模型，该模型将地下渗流和地表径流作为一个耦合的过程来考虑，并采用有限差分方法进行了数值分析，分析结果表明，采用耦合模拟过程是更符合实际的，更能说明降雨诱发滑坡的机理。雷志栋等[2]和张家发[3]分别在 1988 年和 1997 年利用有限差分法对降雨条件下坡面径流和入渗进行了耦合数值模拟探究，可应用于一些简单边坡降雨入渗与坡面径流耦合计算。2001 年，陈力等[4]采用运动波理论和两次改进后的 Green - Ampt 入渗模型建立了坡面降雨入渗产流的动力学模型，得到了试验资料的良好验证，并运用该模型分析研究了简单坡面上降雨入渗产流的动力学规律，结果表明：降雨强度增大，坡面单宽流量随之增大；产流开始的时间和产流的初始阶段随雨强的增加而逐渐缩短；土壤的初始含水量越高，坡面上的产流量越大，且产流开始时间和达到平衡的时间也有所提前；随着坡长的增加，出口处的产流量增大；坡度的影响比较复杂，随着坡度的增大，产流量先增大后减小，其间存在一个临界坡度，坡度对产流的作用有助于理解土壤侵蚀现象中侵蚀量的临界坡度问题。同年，陈善雄[5]研究了降雨条件下坡面入渗问题，并将降雨强度直接折减后作为坡面入渗率，但未考虑坡面产流的影响，同时他还采用特征线法研究了降雨条件下坡面径流的数值模拟问题，将入渗率视为时间的函数，但未计及空间位置、初始条件等因素的影响。吴宏伟[6]和谭新[7]分别在 1999 年和 2003 年通过分析降雨入渗过程，提出了降雨入渗概念模型来近似处理斜坡降雨入渗数值模拟问题，将降雨条件下坡面边界条件分为灌溉型、积水型与降水型，并假定斜坡面上边界条件简化为积水深度为 0。2003 年和 2004 年，张培文[8,9]考虑了降雨过程中斜坡坡面边界条件的变化，将降雨-产流-入渗视为一个系统，建立了耦合方程，通过假定入渗率迭代求解坡体入渗流量。2008 年，童富果[10]从降雨入渗与坡面产流过程的控制方程着手，建立了基于有限元方法的二维降雨入渗与坡面径流整体计算模型与求解方法。该方法不需要降雨入渗率参数值，也不需假定降雨入渗模型及产流模型，而且也避免了对入渗流量与坡面径流流量的迭代求解。田东方等持续开展了降雨入渗与坡面径流整体计算模型的研究，分别在 2011 年建立了三维模型[11]，在 2016 年对其进行了改进[12]。

总体说来，如果只考虑土体中水的流动，则降雨时边坡渗流模拟可基于 Richards 方程[13]实现。目前的各种分析方法中，在坡面未产流之前，将坡面视为流量边界，流量大小即为雨强；坡面产流之后，根据对坡面径流处理方式的不同，可以分为两类。第 1 类方法忽略坡面径流，将降雨入渗边界视为定水头边界，水头值等于地面高程。这类方法的依据是，虽然坡面径流增加了入渗水头进而增大入渗率，但坡面水深往往很小，忽略这一水深（即认为水深为 0）对入渗率影响不大。相关研究还可参见参考文献［14－23］等。由于简化了坡面径流过程，因此本书将这类方法称为简化模型。

第 2 类方法是考虑坡面径流，如采用运动波方程或扩散波方程描述坡面径流，与渗流场耦合求解。根据耦合方式的不同，又可细分为两种方法。第一种是以坡体渗流、坡面径流两场间的交换流量为联系，采用迭代方法求解。基本思路是先假定两场在坡面的交换流量（即入渗率），以此为边界分别求解两场，然后根据计算结果基于达西定律更新交换流量后再求解两场，如此循环计算；以前后两次计算所得径流水深是否足够接近为依据结束迭代，这种方法可称为迭代求解模型。相关研究还可参见参考文献［24－31］等。由于采用了耦合迭代方式确定入渗率，因此本书将这类方法称为耦合求解模型。

第 2 类中第二种方法同样以两场间的交换流量为联系，通过消去交换流量这一未知量，将渗流和径流两场同时求解；例如用径流水深表示交换流量，然后代入渗流场边界条件[23]，又如把离散后的两场方程组（例如有限元格式的离散方程组）相加消去交换流量；这种方法可称为同步求解模型。该方法要求在离散两场控制方程时，对时间和空间的离散必须相同[32]。由于在一个时步内可以将渗流场和径流场同时求出，因此本书将这种方法称为同步求解模型。

上述方法各自的特点为：由于简化模型不考虑坡面径流的水深，只需将产流后的降雨边界修改为定水头边界，水头大小等于坡面高程即可。因此，在数值模拟程序中，只需增加一个迭代，用于确保在当前时步的边界条件下如果坡面水深大于 0 则将其调整为 0 即可。由于 Richards 的数值模拟已经相当成熟，因此这类方法实施起来十分方便。

　　耦合求解模型从理论上讲是完全可行的，但通过数值计算方法难以实现，主要因为：难以确保分别由径流计算和渗流计算所得坡面各点水头完全相等，且迭代计算量很大。由于坡面水深相对较小，坡体非饱和渗透系数也小于饱和渗透系数，故而实际存在的流量交换数值很小，而渗透流量计算误差相对较大；故难以确保径流和渗流间流量交换完全相等。

　　同步求解模型则较好地避免了入渗率的求解，本章将着重针对这类模型开展进一步研究。

5.2　耦合求解模型

　　本节以二维问题为例，简单介绍同时模拟边坡非饱和渗流和坡面径流过程的耦合求解模型。该模型涉及边坡二维渗流数值模拟，一维坡面径流数值模拟以及两场间的耦合处理。下面分别介绍这 3 个方面内容。

5.2.1　二维非饱和渗流有限元模型

　　本节主要推导以总水头为控制变量的 Richards 方程的二维有限元格式。这里忽略源汇项，Richards 方程[13]可写为

$$C \frac{\partial \phi}{\partial t} - \frac{\partial}{\partial x}\left(K \frac{\partial \phi}{\partial x}\right) - \frac{\partial}{\partial y}\left(K \frac{\partial \phi}{\partial y}\right) = 0 \qquad (5.2.1)$$

式中：$C = \partial\theta/\partial h$ 为容水度函数，θ 为体积含水率，h 为压力水头；t 为时间；ϕ 为总水头，$\phi = y + h$，y 为位置水头；$K = K_r K_s$ 为渗透系数，K_r 为相对渗透系数，K_s 为饱和渗透系数；x、y 为坐标，y 轴竖直向上为正。

　　在求解域 Ω 内初始条件为

$$\phi(x, y, 0) = \phi_0(x, y) \qquad (5.2.2)$$

边界条件为，在 Γ_h 上为本质边界条件：

$$\phi = \overline{\phi} \qquad (5.2.3)$$

在 Γ_q 上为自然边界条件：

$$q = -K\left(\frac{\partial \phi}{\partial x} n_x + \frac{\partial \phi}{\partial y} n_y\right) = \overline{q} \qquad (5.2.4)$$

式中：ϕ_0、$\overline{\phi}$、$\overline{q}$ 为已知函数；n_x、n_y 分别为 Γ_q 外法线单位向量在 x、y 轴的分量。

降雨入渗边界可以视为自然边界。

在空间上，对求解域划分单元后，记单元所占空间区域为 e，试函数采用形函数 N_j，则式（5.2.1）的加权余量格式可以写为

$$\int \left[C \frac{\partial \phi}{\partial t} - \frac{\partial}{\partial x}\left(K \frac{\partial \phi}{\partial x} \right) - \frac{\partial}{\partial y}\left(K \frac{\partial \phi}{\partial y} \right) \right] N_j \, \mathrm{d}e = 0 \qquad (5.2.5)$$

式（5.2.5）对积分内各项展开后得

$$\int C N_j \frac{\partial \phi}{\partial t} \mathrm{d}e - \int N_j \left[\frac{\partial}{\partial x}\left(K \frac{\partial \phi}{\partial x} \right) + \frac{\partial}{\partial y}\left(K \frac{\partial \phi}{\partial y} \right) \right] \mathrm{d}e = 0 \qquad (5.2.6)$$

式（5.2.6）中左端的第二项可根据分部积分写为

$$\int N_j \left[\frac{\partial}{\partial x}\left(K \frac{\partial \phi}{\partial x} \right) + \frac{\partial}{\partial y}\left(K \frac{\partial \phi}{\partial y} \right) \right] \mathrm{d}e =$$
$$-\int K \left(\frac{\partial \phi}{\partial x} \frac{\partial N_j}{\partial x} + \frac{\partial \phi}{\partial y} \frac{\partial N_j}{\partial y} \right) \mathrm{d}e + \int N_j \left(K \frac{\partial \phi}{\partial x} n_x + K \frac{\partial \phi}{\partial y} n_y \right) \mathrm{d}\Gamma_q \qquad (5.2.7)$$

将式（3.3.7）代入式（5.2.6）有：

$$\int C N_j \frac{\partial \phi}{\partial t} \mathrm{d}e + \int K \left(\frac{\partial \phi}{\partial x} \frac{\partial N_j}{\partial x} + \frac{\partial \phi}{\partial y} \frac{\partial N_j}{\partial y} \right) \mathrm{d}e = \int N_j \bar{q} \mathrm{d}\Gamma_q \qquad (5.2.8)$$

设单元内的总水头 ϕ 用节点处 ϕ_i 表示为 $\phi = \sum N_i \phi_i$，N_i 为形函数。则式（5.2.8）可写为

$$\int C N_j \frac{\partial \sum N_i \phi_i}{\partial t} \mathrm{d}e + \int K \left(\frac{\partial \sum N_i \phi_i}{\partial x} \frac{\partial N_j}{\partial x} + \frac{\partial \sum N_i \phi_i}{\partial y} \frac{\partial N_j}{\partial y} \right) \mathrm{d}e = \int N_j \bar{q} \mathrm{d}\Gamma_q$$
$$(5.2.9)$$

式（5.2.9）可写为矩阵形式：

$$[S_e] \frac{[\phi_e]^{t+1} - [\phi_e]^t}{\Delta t} + [D_e][\phi_e]^{t+1} = [q_e] \qquad (5.2.10)$$

式中：$[S_e]$ 的元素 $s_{ij} = \dfrac{\int C N_i N_j \mathrm{d}e}{\Delta t}$；$[D_e]$ 的元素 $d_{ij} = \int K \left(\dfrac{\partial N_i}{\partial x} \dfrac{\partial N_j}{\partial x} + \dfrac{\partial N_i}{\partial y} \dfrac{\partial N_j}{\partial y} \right) \mathrm{d}e$；$[\phi_e]^{t+1}$、$[\phi_e]^t$ 分别为 $t+1$、t 时刻的节点水头向量；$[q_e]$ 的元素 $f_i = \int N_j \bar{q} \mathrm{d}e$，若 $\bar{q}$ 表示坡面入渗率 f，则可用于描述坡面入渗边界。

将整个求解所有单元累加可得 Richards 方程的有限元求解格式：

$$[S] \frac{[\phi]^{t+1} - [\phi]^t}{\Delta t} + [D] \cdot [\phi]^{t+1} = [q] \qquad (5.2.11)$$

式中各矩阵为相应的单元矩阵叠加而成。

5.2.2　一维坡面径流有限元模型

坡面径流过程采用运动波方程描述，3.1 节给出了运动波方程的有限元格

式，为方便阅读，将该格式重列如下：

$$([A]+[B])[h]^{t+1}=[A][h]^t+[f] \tag{5.2.12}$$

式中：各矩阵为相应的单元矩阵叠加而成；$[A_e]$ 的元素 $a_{ij}=\dfrac{\int N_i N_j \mathrm{d}e}{\Delta t}$；

$[B_e]$ 的元素 $b_{ij}=\dfrac{\int N_i N_j \mathrm{d}e}{\Delta t}-c_{qi}\int \dfrac{\partial N_i}{\partial x} N_j \mathrm{d}e$；$[h]^{t+1}$、$[h]^t$ 分别为 $t+1$、t 时刻的节点水头向量；$[f]$ 的元素 $f_i=\int i_e N_j \mathrm{d}e$，$i_e$ 为竖直方向的净雨率，$i_e=R\cos\alpha-f$，R 为雨强，α 为坡角，f 为入渗率。

5.2.3　耦合求解模型的构建

对于初始干燥坡面，坡面的边界条件为第二类边界条件，即流量边界；当坡面饱和时，边界条件转变为第一类边界条件，即压力水头。此时，地表开始产流，坡面单元上压力水头由径流的深度来确定。方程式（5.2.11）中的 $[q]$ 即包含了入渗率的积分。由式（5.2.12）可知，入渗和产流是通过地表入渗量和坡面径流深度相互作用的。参考文献 [9] 给出的耦合流程为：

（1）利用 $n-1$ 时步的土壤入渗的解，根据达西定律确定地表的入渗率 f：

$$K\left.\dfrac{\partial H}{\partial N}\right|_{\text{地表}}=f \tag{5.2.13}$$

式中：N 为地表的法向向量。

（2）由（1）步计算所得的入渗率，来求解坡面径流方程式（5.2.12）。

（3）由（2）步计算的坡面的径流深度，作为坡面渗流的第一类边界，求解渗流方程式（5.2.11）。

（4）由（3）步所求解得到的渗流场的压力水头分布，由式（5.2.13）重新计算坡面的入渗率 f。用 f 重新求解坡面径流方程式（5.2.12）。

（5）重复（2）～（4）步，直到径流和渗流都收敛为止。

（6）重复（1）～（5）步，直到模拟时间结束。

耦合模型流程如图 5.2.1 所示。

参考文献 [9] 还分析了影响耦合求解模型计算效率的因素，并给出了加速计算收敛的方法。由于方程式（5.2.11）中有两个参数，即渗透系数和容水度都是基质吸力的函数，因此，这两个函数的计算精度决定了收敛速度和稳定性，从土壤-水特性曲线可以看出，基质吸力的变化范围很大，在饱和区压力

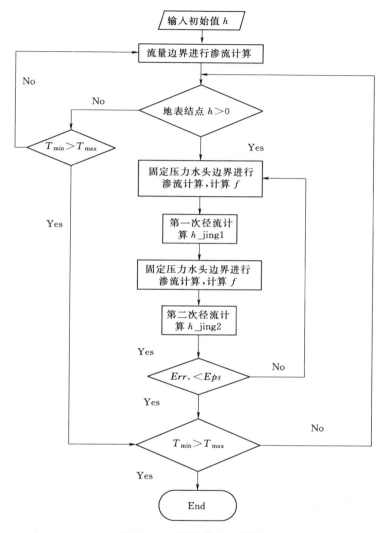

图 5.2.1 耦合模型流程图

水头为正，在非饱和区压力水头为负值，使得渗透系数和容水度的计算误差很大，尤其在坡面接近饱和时，基质吸力趋于 0，计算机运算时对渗透系数和容水度的变化更为敏感，误差更难控制，因而引起收敛慢，计算出的坡面表面水深出现跳跃现象。为了加速收敛，采用下述办法：当负压大于某值 h_p 时，认为坡面已经接近饱和，即：$h \geqslant h_p$ 时就假设 $h = 0$，这样减少一些不必要的计算，从而加快计算进度，且计算精度也满足实际要求。h_p 的大小根据精度和坡面材料而定。

5.3　三维同步求解模型

本节首先推导描述三维非饱和渗流的 Richards 方程的有限元格式，以及描述二维坡面径流的运动波模型的有限元格式。再基于两场的有限元方程，构建三维同步求解模型，并对其进行验证。

5.3.1　Richards 方程和运动波方程的有限元格式

三维 Richards 方程及其边界条件可写为

$$
\begin{cases}
\dfrac{\partial}{\partial x}\left[k_x(h)\dfrac{\partial\phi}{\partial x}\right]+\dfrac{\partial}{\partial y}\left[k_y(h)\dfrac{\partial\phi}{\partial y}\right]+\dfrac{\partial}{\partial z}\left[k_z(h)\dfrac{\partial\phi}{\partial z}\right]=C(h)\dfrac{\partial\phi}{\partial t} & \text{在 } \Omega \text{ 内} \\[2mm]
\phi(x,y,z,0)=\phi_0(x,y,z) & \\[2mm]
\phi\big|_{S_1}=\phi_b(x,y,z,t) & \text{在 } S_1 \text{ 上} \\[2mm]
k_x\dfrac{\partial\phi}{\partial x}\cos(n,x)+k_y\dfrac{\partial\phi}{\partial y}\cos(n,y)+k_z\dfrac{\partial\phi}{\partial z}\cos(n,z)=q & \text{在 } S_2 \text{ 上}
\end{cases}
$$

$$\tag{5.3.1}$$

式中：ϕ 为势函数（或称水头函数）；ϕ_0 为初始时刻势函数；$C(h)$ 为容水度；k_x、k_y、k_z 分别为当坐标轴方向与渗透主轴方向一致时，x、y、z 方向上的渗透系数，对非饱和土与体积含水率或基质吸力有关，对饱和土为常数；Ω 为渗流区域；S_1、S_2 为其边界，其中 S_1 为水头已知的边界，S_2 为法向流量已知的边界；q 为边界上法向流量；n 为边界的外法线方向。

令势函数 ϕ 的变分为 $\delta\phi$，则三维非饱和渗流方程的 Galerkin 积分形式为

$$
\iiint_\Omega C\frac{\partial\phi}{\partial t}\delta\phi\,\mathrm{d}\Omega-\iiint_\Omega\frac{\partial}{\partial x}\left(k_x\frac{\partial\phi}{\partial x}\right)\delta\phi\,\mathrm{d}\Omega-\iiint_\Omega\frac{\partial}{\partial y}\left(k_y\frac{\partial\phi}{\partial y}\right)\delta\phi\,\mathrm{d}\Omega
$$

$$\tag{5.3.2}$$

$$
-\iiint_\Omega\frac{\partial}{\partial z}\left(k_z\frac{\partial\phi}{\partial z}\right)\delta\phi\,\mathrm{d}\Omega=0
$$

由格林公式可知：

$$
\iiint_\Omega\frac{\partial}{\partial x}\left(k_x\frac{\partial\phi}{\partial x}\right)\delta\phi\,\mathrm{d}\Omega=\oint_S k_x\frac{\partial\phi}{\partial x}\delta\phi n_x\,\mathrm{d}S-\iiint_\Omega k_x\frac{\partial\phi}{\partial x}\frac{\partial\delta\phi}{\partial x}\,\mathrm{d}\Omega
$$

在边界 S_1 上，ϕ 为给定的值，其变分为 0，故上式可进一步化简为

$$
\iiint_\Omega\frac{\partial}{\partial x}\left(k_x\frac{\partial\phi}{\partial x}\right)\delta\phi\,\mathrm{d}\Omega=\oint_{S_2} k_x\frac{\partial\phi}{\partial x}\delta\phi n_x\,\mathrm{d}S_2-\iiint_\Omega k_x\frac{\partial\phi}{\partial x}\frac{\partial\delta\phi}{\partial x}\,\mathrm{d}\Omega \tag{5.3.3}
$$

同理有

$$
\iiint_\Omega\frac{\partial}{\partial y}\left(k_y\frac{\partial\phi}{\partial y}\right)\delta\phi\,\mathrm{d}\Omega=\oint_{S_2} k_y\frac{\partial\phi}{\partial y}\delta\phi n_y\,\mathrm{d}S_2-\iiint_\Omega k_y\frac{\partial\phi}{\partial y}\frac{\partial\delta\phi}{\partial y}\,\mathrm{d}\Omega \tag{5.3.4}
$$

$$\iiint_\Omega \frac{\partial}{\partial z}\left(k_z \frac{\partial \phi}{\partial z}\right)\delta\phi \, \mathrm{d}\Omega = \oint_{S_2} k_z \frac{\partial \phi}{\partial z}\delta\phi n_z \, \mathrm{d}S_2 - \iiint_\Omega k_z \frac{\partial \phi}{\partial z}\frac{\partial \delta\phi}{\partial z} \, \mathrm{d}\Omega \qquad (5.3.5)$$

将式（5.3.3）～式（5.3.5）代入式（5.3.2），可得三维非饱和非恒定渗流方程的 Galerkin 弱解积分形式：

$$\iiint_\Omega C\frac{\partial \phi}{\partial t}\delta\phi \, \mathrm{d}\Omega + \iiint_\Omega k_x \frac{\partial \phi}{\partial x}\frac{\partial \delta\phi}{\partial x} \, \mathrm{d}\Omega + \iiint_\Omega k_y \frac{\partial \phi}{\partial y}\frac{\partial \delta\phi}{\partial y} \, \mathrm{d}\Omega + \iiint_\Omega k_z \frac{\partial \phi}{\partial z}\frac{\partial \delta\phi}{\partial z} \, \mathrm{d}\Omega$$

$$= \oint_{S_2}\left(k_x \frac{\partial \phi}{\partial x}n_x + k_y \frac{\partial \phi}{\partial y}n_y + k_z \frac{\partial \phi}{\partial z}n_z\right)\mathrm{d}S_2 = \oint_{S_2}q\,\mathrm{d}S_2 \qquad (5.3.6)$$

将计算区域离散为多个单元，任一单元的势函数可近似表示为

$$\phi = \sum N_i(x,y,z)\phi_i$$

式中：$N_i(x,y,z)$ 为单元的插值形函数；ϕ_i 为节点势或节点水头。

取其变分 $\delta\phi = \sum N_i(x,y,z)\delta\phi_i$，式（5.3.6）等价于下面的线性方程组：

$$\iiint_e \left(k_x \frac{\partial N_i}{\partial x}\phi_j \frac{\partial N_j}{\partial x} + k_y \frac{\partial N_i}{\partial y}\phi_j \frac{\partial N_j}{\partial y} + k_z \frac{\partial N_i}{\partial z}\phi_j \frac{\partial N_j}{\partial z}\right)\mathrm{d}V^{(e)}$$

$$+ \iiint_e CN_iN_j\frac{\partial \phi_j}{\partial t} - \iint_s N_i q\,\mathrm{d}s = 0 \qquad (5.3.7)$$

上式可记为矩阵形式：

$$[D]^{(e)}\{\phi_j\} + [S]^{(e)}\left\{\frac{\partial \phi_j}{\partial t}\right\} = \{F\}^{(e)} \qquad (5.3.8)$$

式中 $[D]^e$ 的元素可表示为

$$d_{ij} = \iiint_e [B_i]^T[k][B_j]\mathrm{d}\Omega^{(e)} \qquad (5.3.9)$$

式中：$[B_i]^T = \left[\dfrac{\partial N_i}{\partial x}, \dfrac{\partial N_i}{\partial y}, \dfrac{\partial N_i}{\partial z}\right]$；$[k] = \begin{bmatrix} k_{xx} & k_{xy} & k_{xz} \\ k_{yx} & k_{yy} & k_{yz} \\ k_{zx} & k_{zy} & k_{zz} \end{bmatrix}$，当坐标轴方向与

渗透主轴方向一致时，除 k_{xx}、k_{yy}、k_{zz} 不为 0 外，其他均为 0。

矩阵 $[S]^e$ 的元素可表示为

$$s_{ij} = \iiint_e CN_iN_j\,\mathrm{d}\Omega^{(e)} \qquad (5.3.10)$$

$\{F\}^{(e)}$ 为节点流量向量：

$$f_i = \iint_S N_i q\,\mathrm{d}s \qquad (5.3.11)$$

对式（5.3.11）推广到整个求解域，将各个单元矩阵叠加后可得整个求解域的有限元方程：

$$[D]\{\phi\} + [S]\left\{\frac{\partial \phi}{\partial t}\right\} = \{F\} \qquad (5.3.12)$$

式中：$\{\phi\}$ 为节点势列向量；$\left\{\dfrac{\partial \phi}{\partial t}\right\}$ 为节点势对时间的导数的列向量。

矩阵 $[D]$、$[S]$、向量 $\{F\}$ 分别由相应的单元矩阵叠加而得。

下面推导运动波方程的有限元格式。由于该方程组中的连续方程为对流方程，由于坡面上的径流深度很小，流速很慢，故对流项很弱。因此考虑采用标准的 Galerkin 有限元法求解。下面推导该方程的 Galerkin 有限元格式。二维运动波方程重列如下：

$$\begin{cases} \dfrac{\partial h}{\partial t}+\dfrac{\partial q_x}{\partial x}+\dfrac{\partial q_y}{\partial y}=q_e & \text{（连续方程）} \\[2mm] q_x=\dfrac{1}{n}h^{\frac{5}{3}}\dfrac{S_x^{1/2}}{[1+(S_y/S_x)^2]^{1/4}} & \text{（动量方程）} \\[2mm] q_y=\dfrac{1}{n}h^{\frac{5}{3}}\dfrac{S_y^{1/2}}{[1+(S_x/S_y)^2]^{1/4}} & \text{（动量方程）} \end{cases} \tag{5.3.13}$$

方程式（5.3.13）中连续方程的 Galerkin 积分形式为

$$\iint\limits_{\Omega}\left(\frac{\partial h}{\partial t}+\frac{\partial q_x}{\partial x}+\frac{\partial q_y}{\partial y}-q_e\right)\delta h\,\mathrm{d}\Omega=0$$

展开后为

$$\iint\limits_{\Omega}\frac{\partial h}{\partial t}\delta h\,\mathrm{d}\Omega+\iint\limits_{\Omega}\frac{\partial q_x}{\partial x}\delta h\,\mathrm{d}\Omega+\iint\limits_{\Omega}\frac{\partial q_y}{\partial y}\delta h\,\mathrm{d}\Omega-\iint\limits_{\Omega}q_e\delta h\,\mathrm{d}\Omega=0 \tag{5.3.14}$$

由分部积分可得

$$\iint\limits_{\Omega}\frac{\partial q_x}{\partial x}\delta h\,\mathrm{d}\Omega=\oint\limits_{\Gamma}q_x\delta h n_x\,\mathrm{d}\Gamma-\iint\limits_{\Omega}q_x\frac{\partial \delta h}{\partial x}\mathrm{d}\Omega$$

在边界 Γ_1 上，由于 $h=h_0$ 为给定的常数，$\delta h=0$；故上式化简为

$$\iint\limits_{\Omega}\frac{\partial q_x}{\partial x}\delta h\,\mathrm{d}\Omega=\oint\limits_{\Gamma_2}q_x\delta h n_x\,\mathrm{d}\Gamma_2-\iint\limits_{\Omega}q_x\frac{\partial \delta h}{\partial x}\mathrm{d}\Omega \tag{5.3.15}$$

同理可得

$$\iint\limits_{\Omega}\frac{\partial q_y}{\partial y}\delta h\,\mathrm{d}\Omega=\oint\limits_{\Gamma_2}q_y\delta h n_y\,\mathrm{d}\Gamma_2-\iint\limits_{\Omega}q_y\frac{\partial \delta h}{\partial y}\mathrm{d}\Omega \tag{5.3.16}$$

将式（5.3.15）、式（5.3.16）代入式（5.3.14），并结合边界条件，可得 Galerkin 弱解积分形式：

$$\iint\limits_{\Omega}\frac{\partial h}{\partial t}\delta h\,\mathrm{d}\Omega-\iint\limits_{\Omega}q_x\frac{\partial \delta h}{\partial x}\mathrm{d}\Omega-\iint\limits_{\Omega}q_y\frac{\partial \delta h}{\partial y}\mathrm{d}\Omega-\iint\limits_{\Omega}q_e\delta h\,\mathrm{d}\Omega+\iint\limits_{\Gamma_2}q_0\delta h\,\mathrm{d}\Gamma_2=0$$

$$\tag{5.3.17}$$

在单元 e 的 $\Omega^{(e)}$ 区域内，将式（5.3.17）改写如下：

$$\iint_{\Omega^e} \frac{\partial h}{\partial t}\delta h\,\mathrm{d}\Omega^e - \iint_{\Omega^e} q_x\frac{\partial \delta h}{\partial x}\mathrm{d}\Omega^e - \iint_{\Omega^e} q_y\frac{\partial \delta h}{\partial y}\mathrm{d}\Omega^e - \iint_{\Omega^e} q_e\delta h\,\mathrm{d}\Omega^e + \iint_{\Gamma_2} q_0\delta h\,\mathrm{d}\Gamma_2 = 0$$

$$(5.3.18)$$

在单元内，任一变量函数 F 可近似表示为

$$F^{(e)} = F_j^{(e)}N_j^{(e)}(x,y)$$ （5.3.19）

式中：N_j^e 为插值函数，$j=1$，2，$\cdots$，$nnode$，记 $nnode$ 为单元节点个数。

故 $h^{(e)} = h_i^{(e)}N_i$，$\delta h^{(e)} = h_j^{(e)}N_j$，将式 (5.3.19) 代入式 (5.3.18)，可得线性方程组：

$$\iint_e N_iN_j\frac{\partial h_i}{\partial t}\mathrm{d}\Omega^{(e)} - \iint_e N_iq_{xi}\frac{\partial N_j}{\partial x}\mathrm{d}\Omega^{(e)} - \iint_e N_iq_{yi}\frac{\partial N_j}{\partial y}\mathrm{d}\Omega^{(e)} - \iint_e N_iq_e\mathrm{d}\Omega^{(e)}$$

$$+ \iint_e q_0N_i\mathrm{d}S_2^e = 0$$

可将线性方程组记为

$$A_{ij}^{(e)}\frac{\partial h_i}{\partial t} - B_{1ij}^{(e)}q_{xi} - B_{2ij}^{(e)}q_{yi} = -Q_{0i} + Q_{ei}$$ （5.3.20）

式中：$A_{ij}^{(e)} = \iint_e N_iN_j\mathrm{d}\Omega^{(e)}$；$B_{1ij}^{(e)} = \iint_e N_i\frac{\partial N_j}{\partial x}\mathrm{d}\Omega^{(e)}$；$B_{2ij}^{(e)} = \iint_e N_i\frac{\partial N_j}{\partial y}\mathrm{d}\Omega^{(e)}$；

$Q_{0i} = \iint_e q_0N_i\mathrm{d}S_2^e$；$Q_{ei} = \iint_{\Omega^e} q_eN_i\mathrm{d}\Omega^e$。

将有限元单元方程叠加，即可得整体方程：

$$A_{ij}\frac{\partial h_i}{\partial t} - B_{1ij}q_{xi} - B_{2ij}q_{yi} = -Q_{0i} + Q_e$$ （5.3.21）

式中各矩阵为相应的单元矩阵叠加而成。

5.3.2 三维有限元同步求解模型构建

整体求解有限元模型的构建可大致分为 4 步，分别为计算网格的统一、径流方程组系数矩阵计算、渗流和径流方程求解变量的统一以及模型的建立。分述如下。

1. 计算网格的统一

坡体非饱和渗流计算网格为三维网格，坡面流为二维网格。整体求解模型将渗流网格中降雨入渗边界作为径流计算网格。例如本节中，渗流网格为八节点六面体单元，一些有降雨入渗边界的单元的其中一面（即入渗边界的那面）的 4 个节点可构成坡面流的四节点四边形网格。

因此，只需对渗流区域划分网格，径流网格为渗流网格的一部分；渗流、径流网格节点统一编号，单元单独编号。有限单元法最终形成的线性方程组是

以节点处场变量为未知数，两个计算网格的节点统一编号，可为消去入渗率进而整体求解两个方程组提供基础。

为叙述方便，设雨水渗入坡体的强度为 f，则坡面流中的下渗强度也为 f。只考虑径流区域的边界，根据式（5.3.11）和式（5.3.20），则坡面径流和非饱和渗流方程的单元离散方程写为

$$A_{ij}^{(e)}\frac{\partial h_i}{\partial t} - B_{1ij}^{(e)}q_{xi} - B_{2ij}^{(e)}q_{yi} = Q_e = \iint N_i(R-f)\mathrm{d}S \qquad (5.3.22)$$

$$[D]^e\{\varphi\}^e + [S]^e\left\{\frac{\partial \varphi^e}{\partial t}\right\} = \iint N_i f \mathrm{d}S \qquad (5.3.23)$$

式中：S 为发生坡面径流的区域。

2. 径流方程组系数矩阵计算

式（5.3.22）、式（5.3.23）所采用的直角坐标系不同。如图 5.3.1 所示，渗流方程的坐标系要求 Z 轴竖直向上，OXY 为水平面。而坡面流方程 Z' 向为垂直坡面方向（一般取向上为正）。在计算方程式（5.3.22）与式（5.3.23）中各项系数时，必须在各自的坐标系下进行。

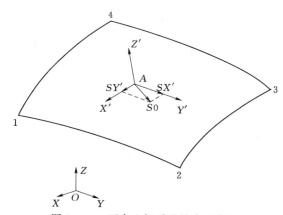

图 5.3.1 两套坐标系及坡度示意图

如图 5.3.1 所示，用 XYZ 表示坡体渗流方程所用坐标系（下称整体坐标系），坐标用 $(x，y，z)$ 表示；$X'Y'Z'$ 表示坡面径流所用坐标系（下称局部坐标系），坐标用 $(x'，y'，z')$ 表示。

下面给出局部坐标轴向量的规定。图 5.3.1 中，取某一坡面单元，节点局部编号 1、2、3、4，由这些节点构成的面为曲面。则曲面上任一点 A 的坐标可以表示为

$$x = \sum_{i=1}^{node} N_i x_i, y = \sum_{i=1}^{node} N_i y_i, z = \sum_{i=1}^{node} N_i z_i \qquad (5.3.24)$$

式中：x_i、y_i、z_i 为节点坐标；$node$ 为节点个数；$N_i = N_i(\xi,\eta)$ 为二维形函数。

局部坐标的 Z' 轴为坡面外法线方向，X'、Y' 轴可以选任意方向，但必须保证三轴正交，且构成右手坐标系。记 X' 轴方向向量为 (l_1, m_1, n_1)，Y' 轴为 (l_2, m_2, n_2)，Z' 轴为 (l_3, m_3, n_3)。它们均为单位向量。

在式（5.3.22）中，矩阵 A 的元素可按下式计算：

$$A_{ij} = \iint N_i N_j A \, \mathrm{d}\xi \mathrm{d}\eta \qquad (5.3.25)$$

其中

$$A = \sqrt{\left(\frac{\partial x}{\partial \xi}\frac{\partial y}{\partial \eta} - \frac{\partial x}{\partial \eta}\frac{\partial y}{\partial \xi}\right)^2 + \left(\frac{\partial y}{\partial \xi}\frac{\partial z}{\partial \eta} - \frac{\partial y}{\partial \eta}\frac{\partial z}{\partial \xi}\right)^2 + \left(\frac{\partial z}{\partial \xi}\frac{\partial x}{\partial \eta} - \frac{\partial z}{\partial \eta}\frac{\partial x}{\partial \xi}\right)^2}$$

式中：N 为二维形函数；ξ、η 为形函数自变量。

式（5.3.25）需计算 $\frac{\partial x}{\partial \xi}$、$\frac{\partial y}{\partial \xi}$、$\frac{\partial z}{\partial \xi}$、$\frac{\partial x}{\partial \eta}$、$\frac{\partial y}{\partial \eta}$、$\frac{\partial z}{\partial \eta}$，可借助下式：

$$T = \begin{bmatrix} \dfrac{\partial x}{\partial \xi} & \dfrac{\partial y}{\partial \xi} & \dfrac{\partial z}{\partial \xi} \\ \dfrac{\partial x}{\partial \eta} & \dfrac{\partial y}{\partial \eta} & \dfrac{\partial z}{\partial \eta} \end{bmatrix} = \begin{bmatrix} \sum \dfrac{\partial N_i}{\partial \xi} x_i & \sum \dfrac{\partial N_i}{\partial \xi} y_i & \sum \dfrac{\partial N_i}{\partial \xi} z_i \\ \sum \dfrac{\partial N_i}{\partial \eta} x_i & \sum \dfrac{\partial N_i}{\partial \eta} y_i & \sum \dfrac{\partial N_i}{\partial \eta} z_i \end{bmatrix}$$

按上式计算的好处在于不需对坡面单元进行坐标转换，可直接用整体坐标计算。对向量 Q_e 也可类似处理。

矩阵 B_1 的元素可按下式计算：

$$B_{1ij} = \iint N_i \frac{\partial N_j}{\partial x'} A \, \mathrm{d}\xi \mathrm{d}\eta \qquad (5.3.26)$$

而局部坐标与整体坐标的关系为

$$\begin{Bmatrix} x' \\ y' \\ z' \end{Bmatrix} = \begin{bmatrix} l_1, m_1, n_1 \\ l_2, m_2, n_2 \\ l_3, m_3, n_3 \end{bmatrix} \begin{Bmatrix} x \\ y \\ z \end{Bmatrix} \qquad \begin{Bmatrix} x \\ y \\ z \end{Bmatrix} = \begin{bmatrix} l_1, l_2, l_3 \\ m_1, m_2, m_3 \\ n_1, n_2, n_3 \end{bmatrix} \begin{Bmatrix} x' \\ y' \\ z' \end{Bmatrix}$$

而

$$\frac{\partial N_j}{\partial x'} = \frac{\partial N_j}{\partial x}\frac{\partial x}{\partial x'} + \frac{\partial N_j}{\partial y}\frac{\partial y}{\partial x'} + \frac{\partial N_j}{\partial z}\frac{\partial z}{\partial x'}$$

可进一步化为

$$\frac{\partial N_j}{\partial x'} = \frac{\partial N_j}{\partial x} l_1 + \frac{\partial N_j}{\partial y} m_1 + \frac{\partial N_j}{\partial z} n_1 \qquad (5.3.27)$$

又

$$\begin{Bmatrix} \dfrac{\partial N_j}{\partial \xi} \\ \dfrac{\partial N_j}{\partial \eta} \end{Bmatrix} = \begin{bmatrix} \dfrac{\partial x}{\partial \xi} & \dfrac{\partial y}{\partial \xi} & \dfrac{\partial z}{\partial \xi} \\ \dfrac{\partial x}{\partial \eta} & \dfrac{\partial y}{\partial \eta} & \dfrac{\partial z}{\partial \eta} \end{bmatrix} \begin{Bmatrix} \dfrac{\partial N_j}{\partial x} \\ \dfrac{\partial N_j}{\partial y} \\ \dfrac{\partial N_j}{\partial z} \end{Bmatrix} = T \left\{ \dfrac{\partial N_j}{\partial x}, \dfrac{\partial N_j}{\partial y}, \dfrac{\partial N_j}{\partial z} \right\}^{\mathrm{T}} \qquad (5.3.28)$$

由式（5.3.28）可知，等式左边向量已知，而 T 也可求，但是 $\left\{\dfrac{\partial N_j}{\partial x}, \dfrac{\partial N_j}{\partial y}, \dfrac{\partial N_j}{\partial z}\right\}^{\mathrm{T}}$ 的解不唯一，因此只要找到一组适合式（5.3.28）的解即可代入式（5.3.27）。可令 $\dfrac{\partial N_j}{\partial z}=0$，则

$$\left\{\begin{array}{c}\dfrac{\partial N_j}{\partial \xi}\\[2mm]\dfrac{\partial N_j}{\partial \eta}\end{array}\right\}=\left[\begin{array}{cc}\dfrac{\partial x}{\partial \xi}&\dfrac{\partial y}{\partial \xi}\\[2mm]\dfrac{\partial x}{\partial \eta}&\dfrac{\partial y}{\partial \eta}\end{array}\right]\left\{\begin{array}{c}\dfrac{\partial N_j}{\partial x}\\[2mm]\dfrac{\partial N_j}{\partial y}\end{array}\right\}=[J]\left\{\begin{array}{c}\dfrac{\partial N_j}{\partial x}\\[2mm]\dfrac{\partial N_j}{\partial y}\end{array}\right\}$$

所以：

$$\left\{\begin{array}{c}\dfrac{\partial N_j}{\partial x}\\[2mm]\dfrac{\partial N_j}{\partial y}\end{array}\right\}=[J]^{-1}\left\{\begin{array}{c}\dfrac{\partial N_j}{\partial \xi}\\[2mm]\dfrac{\partial N_j}{\partial \eta}\end{array}\right\} \tag{5.3.29}$$

将式（5.3.29）与 $\dfrac{\partial N_j}{\partial z}=0$ 代入式（5.3.27），可得

$$\frac{\partial N_j}{\partial x'}=\frac{\partial N_j}{\partial \xi}\frac{\partial \xi}{\partial x}l_1+\frac{\partial N_j}{\partial \xi}\frac{\partial \xi}{\partial y}m_1 \tag{5.3.30}$$

利用式（5.3.30）即可计算式（5.3.27）。同理可以计算矩阵 B_2。通过本文的方法计算 B_1、B_2，只需确定局部坐标轴在整体坐标中的向量即可，而不需进行坐标转换。

3. 渗流和径流方程求解变量的统一

如果能将式（5.3.22）和式（5.3.23）中的求解变量统一为节点的总水头，则两式相加可消去坡面边界条件，且能保证坡面节点处的水深与总水头分别满足各自方程。式（5.3.22）中待求变量有 h、$q_{x'}$、$q_{y'}$，而式（5.3.23）中待求变量为 ϕ，必须通过数学变换，将这几个变量转换为一个。

由式（5.3.13）可知，$q_{x'}$、$q_{y'}$ 可由 h 表示，但必须先确定坡度 S_0 与 $S_{x'}$、$S_{y'}$ 的大小和方向。

设点 A 的局部坐标轴 X' 轴方向向量为（l_1，m_1，n_1），Y' 轴为（l_2，m_2，n_2），Z' 轴为（l_3，m_3，n_3）。以 S_0、$S_{x'}$、$S_{y'}$ 分别表示点 A 的坡度及其在 X'、Y' 轴的分量。

重力加速度的方向以向量形式表示为（0，0，-1），其垂直于 $O'X'Y'$ 的分量大小为 n_3，方向为 $-(l_3,m_3,n_3)$，平行与 $O'X'Y'$ 的分量（即坡度 S_0）大小为 $\sqrt{1-n_3^2}$，其方向的确定如下：

设坡度 S_0 的方向向量为（l，m，n），则该向量垂直于向量（l_3，m_3，n_3），同时还与向量（0，0，-1）和向量（l_3，m_3，n_3）共面。向量（0，0，

—1）和向量 (l_3, m_3, n_3) 所在平面的法向量为 $(-m_3, l_3, 0)$，因此有下式成立：

$$\begin{cases} ll_3 + mm_3 + nn_3 = 0 \\ lm_3 - ml_3 = 0 \end{cases}$$

故坡度 S_0 的方向向量可确定为：$(l_3 n_3, m_3 n_3, -l_3^2 - m_3^2)$。

根据 S_0 的大小和方向向量、X' 轴的方向向量 (l_1, m_1, n_1)、Y' 轴的方向向量 (l_2, m_2, n_2) 即可确定 $S_{x'}$、$S_{y'}$ 与 S_0 的方向余弦：

$$\cos(S_0, X') = \frac{l_1 l_3 n_3 + m_1 m_3 n_3 - n_1(l_3^2 + m_3^2)}{\sqrt{(l_1^2 + m_1^2 + n_1^2)[l_3^2 n_3^2 + m_3^2 n_3^2 + (l_3^2 + m_3^2)^2]}}$$

$$\cos(S_0, Y') = \frac{l_2 l_3 n_3 + m_2 m_3 n_3 - n_2(l_3^2 + m_3^2)}{\sqrt{(l_2^2 + m_2^2 + n_2^2)[l_3^2 n_3^2 + m_3^2 n_3^2 + (l_3^2 + m_3^2)^2]}}$$

故 $S_{x'} = \cos(S_0, X')\sqrt{1 - n_3^2}$；$S_{y'} = \cos(S_0, Y')\sqrt{1 - n_3^2}$

如果 $\cos(S_0, X')$ 小于 0，则 $S_{x'}$ 的方向与 X' 轴的方向相反；$\cos(S_0, Y')$ 小于 0，则 $S_{y'}$ 的方向与 Y' 轴的方向相反。

在求得 S_0、$S_{x'}$、$S_{y'}$ 后，式（5.3.22）的求解变量可统一为 h。下面给出将变量 h 转换为变量 ϕ 的方法。如图 5.3.2 所示，设 h 为坡面上点 $A(x_0, y_0, z_0)$ 处的水深，H 为竖直方向的水深，A 点的水位 $\phi = H + z_0$。设一方向与 Z 轴 $(0, 0, 1)$ 相同的向量 H'，其在 Z' 轴 (l_3, m_3, n_3) 上的投影大小为 h，故 H' 的大小应为 $H' = h/n_3$。由于坡面流水深相对于坡长很浅，因此可以近似认为 $H = H'$。故 A 点的水位可写为 $\phi = h/n_3 + z_0$。

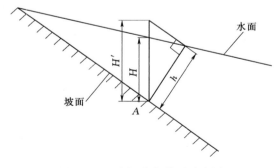

图 5.3.2　水深水位关系示意图

已知 $q_x = \dfrac{1}{n} h^{\frac{5}{3}} \dfrac{S_x^{1/2}}{[1 + (S_{y'}/S_{x'})^2]^{1/4}}$，可改写为：$q_x = \dfrac{1}{n} h^{\frac{5}{3}} \dfrac{S_{x'}}{(S_{x'}^2 + S_{y'}^2)^{1/4}} \dfrac{\phi}{(z + h/n_3)}$。

令 $k_{qx} = \dfrac{1}{n} h^{\frac{5}{3}} \dfrac{S_{x'}}{(S_{x'}^2 + S_{y'}^2)^{1/4}(z + h/n_3)}$，则 $q_x = k_{qx}\phi$。

同理令 $k_{qy} = \dfrac{1}{n} h^{\frac{5}{3}} \dfrac{S_{y'}}{(S_{x'}^2 + S_{y'}^2)^{1/4}} (z + h/n_3)$，则 $q_y = k_{qy}\phi$。

由上式可知：

$$[q_x] = \begin{Bmatrix} q_{x1} \\ q_{x2} \\ \vdots \\ q_{xn} \end{Bmatrix} = \begin{Bmatrix} k_{qx1}\phi_1 \\ k_{qx2}\phi_2 \\ \vdots \\ k_{qxn}\phi_n \end{Bmatrix} = \begin{bmatrix} k_{qx1} & 0 & \cdots & 0 \\ 0 & k_{qx2} & \cdots & 0 \\ \vdots & \vdots & \vdots & \vdots \\ 0 & 0 & \vdots & k_{qxn} \end{bmatrix} \begin{Bmatrix} \phi_1 \\ \phi_2 \\ \vdots \\ \phi_n \end{Bmatrix} \tag{5.3.31}$$

式中：n 为坡面流单元节点数。

同理有

$$[q_y] = \begin{Bmatrix} q_{y1} \\ q_{y2} \\ \vdots \\ q_{yn} \end{Bmatrix} = \begin{Bmatrix} k_{qy1}\phi_1 \\ k_{qy2}\phi_2 \\ \vdots \\ k_{qyn}\phi_n \end{Bmatrix} = \begin{bmatrix} k_{qy1} & 0 & \cdots & 0 \\ 0 & k_{qy2} & \cdots & 0 \\ \vdots & \vdots & \vdots & \vdots \\ 0 & 0 & \cdots & k_{qyn} \end{bmatrix} \begin{Bmatrix} \phi_1 \\ \phi_2 \\ \vdots \\ \phi_n \end{Bmatrix} \tag{5.3.32}$$

又由于：

$$\begin{Bmatrix} \dfrac{\partial h}{\partial t} \end{Bmatrix} = \begin{Bmatrix} \dfrac{\partial h_1}{\partial t} \\ \dfrac{\partial h_2}{\partial t} \\ \vdots \\ \dfrac{\partial h_n}{\partial t} \end{Bmatrix} = \begin{Bmatrix} \dfrac{\partial(z_1 + h_1/n_3)}{\partial t} n_{31} \\ \dfrac{\partial(z_2 + h_2/n_3)}{\partial t} n_{32} \\ \vdots \\ \dfrac{\partial(z_n + h_3/n_3)}{\partial t} n_{3n} \end{Bmatrix} = \begin{Bmatrix} \dfrac{\partial \phi_1}{\partial t} n_{31} \\ \dfrac{\partial \phi_2}{\partial t} n_{32} \\ \vdots \\ \dfrac{\partial \phi_n}{\partial t} n_{3n} \end{Bmatrix} = \begin{Bmatrix} \dfrac{\partial \phi}{\partial t} \end{Bmatrix} n_3 \tag{5.3.33}$$

式中：$n_3 = \{n_{31}, n_{32}, \cdots, n_{3n}\}$。

将式（5.3.31）～式（5.3.33）代入式（5.3.22）：

$$A_{ij}^{(e)} n_3 \frac{\partial \phi_i}{\partial t} - B_{1ij}^{(e)} \lambda_x \phi_i - B_{2ij}^{(e)} \lambda_y \phi_i = -Q_{0i} + \iint_{S_3} N_i (q - I) \mathrm{d}S_3 \tag{5.3.34}$$

式中 $\lambda_x = \begin{bmatrix} k_{qx1} & 0 & \cdots & 0 \\ 0 & k_{qx2} & \cdots & 0 \\ \vdots & \vdots & \vdots & \vdots \\ 0 & 0 & \cdots & k_{qxn} \end{bmatrix}$；$\lambda_y = \begin{bmatrix} k_{qy1} & 0 & \cdots & 0 \\ 0 & k_{qy2} & \cdots & 0 \\ \vdots & \vdots & \vdots & \vdots \\ 0 & 0 & \cdots & k_{qyn} \end{bmatrix}$

4. 同步求解模型的建立

式（5.3.34）中的变量已经转换为 ϕ，将式（5.3.23）和式（5.3.34）两式相加可得

$$(S + An_3) \frac{\partial \phi}{\partial t} + (D - B_1^* - B_2^*) \phi = \{F'\} - Q_{0i} + \iint_{S_3} N_i I \mathrm{d}S_3 + \iint_{S_3} N_i (q - I) \mathrm{d}S_3 \tag{5.3.35}$$

记 $M=S+An_3$；$N=D-B_1^*-B_2^*$，其中 B_1^* 为单元矩阵 $B_1^e\lambda_x$ 叠加而成，B_2^* 为单元矩阵 $B_2^e\lambda_y$ 叠加而成，若在合成 B_1^*、B_2^* 时，相关节点压力水头小于 0，则不做计算。

令 $R=\{F'\}-Q_{0i}+\iint\limits_{S_3}N_i I\mathrm{d}S_3+\iint\limits_{S_3}N_i(q-I)\mathrm{d}S_3$；则 R 可进一步化简为：

$R=\{F'\}-Q_{0i}+\iint\limits_{S_3}N_i q\mathrm{d}S_3$。

则式（5.3.35）可重写为

$$M\frac{\partial\phi}{\partial t}+N\phi=R \qquad (5.3.36)$$

式（5.3.36）即为有限元耦合模型，式中符号含义同前。由于式中包括了对时间的偏导，故还应对时间进行差分，以便将方程完全转化为关于 ϕ 的线性方程。鉴于中心差分法和向后差分法都具有无条件稳定的特性，其具体表达形式分别为：

（1）中心差分形式。

$$\left([N]+\frac{2[M]}{\Delta t}\right)\{\phi\}_{t+\Delta t}=\left(\frac{2[M]}{\Delta t}-[N]\right)\{\phi\}_t+2\{R\} \qquad (5.3.37)$$

（2）向后差分形式。

$$\left([N]+\frac{[M]}{\Delta t}\right)\{\phi\}_{t+\Delta t}=\frac{[M]}{\Delta t}\{\phi\}_t+\{R\} \qquad (5.3.38)$$

5.3.3 模型验证

5.3.3.1 土柱入渗模拟

本节以一土柱为模型，应用所建整体求解模型，模拟下列 3 种情况，初步验证耦合模型的正确性。

（1）积水入渗：为固定水深的积水入渗情况，也称灌溉模型。

（2）降雨入渗：为雨强较小的情况，此时降雨全部渗入土体，也称降雨模型。

（3）降雨积水入渗：为雨强较大的情况，此时降雨不能完全渗入坡体，会形成积水。

1. 计算模型及材料参数

材料参数源自参考文献［33］，见表 5.3.2 和表 5.3.3。试验中所有土压力饱和函数在用常水头法测得饱和水力传导性的同时用标准压力盒测得。数值模拟所用参数来自参考文献［33］。如图 5.3.3 所示，土柱长为 61cm、截面为 8.75cm×8.75cm。假定土体均质各向同性，饱和时渗透系数为 0.000722cm/s。

取土柱底部平面为 xoy 平面，竖直向上为 z 轴，计算网格如图 5.3.4 所示，网格共分 14 层，从顶部到底部每层厚度见表 5.3.1。

图 5.3.3　土柱模型　　　　图 5.3.4　有限单元网格图

表 5.3.1　　　　　　　　　　　　　　网 格 每 层 厚 度 表

序号	1	2	3	4	5	6	7	8	9	10	11	12	13	14
厚度/cm	1.0	1.2	1.44	1.7	2.1	2.48	2.99	3.58	4.3	5.16	6.19	7.43	8.90	11

本计算所用土水特征曲线如图 5.3.5 所示，离散数据见表 5.3.2，渗透性函数曲线如图 5.3.5 所示，离散数据见表 5.3.3。

表 5.3.2　　　　　　　　　　土水特征曲线离散数据表

θ	0.028	0.062	0.085	0.116	0.178	0.265	0.306	0.35
h/cm	200.0	100.0	80.0	60.0	40.0	20.0	10.0	0.0

表 5.3.3　　　　　　　　　　渗透性函数曲线离散数据表

θ	0.028	0.050	0.10	0.15	0.175	0.20	0.225	0.25
k_r	0.001	0.0075	0.015	0.03	0.05	0.082	0.25	0.55
θ	0.275	0.2875	0.30	0.306	0.175	0.35		
k_r	0.886	0.963	0.992	0.01	0.997	1.0		

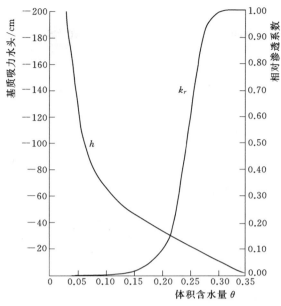

图 5.3.5　土水特性曲线及渗透性函数

2. 积水入渗模拟

土柱初始体积含水率为 0.045，四周及底部为不透水边界，顶部为固定水头边界，水深为 0.75cm，入渗时间 500min。计算结果分析如下：

（1）湿润锋与含水率，湿润锋进展图如图 5.3.6 所示。

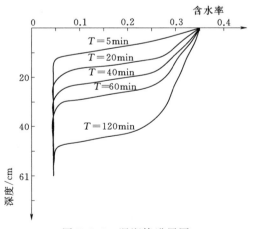

图 5.3.6　湿润锋进展图

由图 5.3.6 可知，湿峰锋面进展速度在初始阶段较快，随后逐渐减小，约 10min 后基本保持稳定。与实测数据基本吻合，表明耦合模型在模拟积水入渗时，湿润锋面进展模拟是正确的。

含水率沿深度随时间变化曲线如图 5.3.7 所示。由图可知，湿峰面是很明显的，其深度随时间推移而不断增加，并且在初始时刻深度进展快，随后减慢。饱和区深度较小，且随时间增加得较慢。介于饱和区和湿润峰之间的过渡区和传导区分布区域较大，且随湿润峰的下移而不断加大。这与 Coleman 和 Bodman 的研究结果是完全一致的。

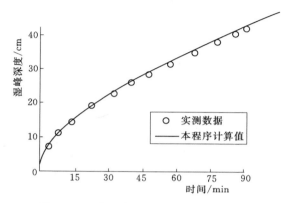

图 5.3.7 含水率沿深度随时间变化曲线

（2）入渗率与入渗总量。入渗率、入渗总量与时间关系曲线分别如图 5.3.8、图 5.3.9 所示。

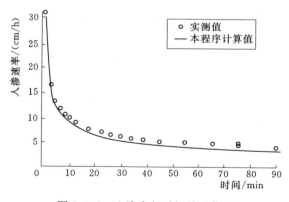

图 5.3.8 入渗率与时间关系曲线

由图 5.3.8 和图 5.3.9 可知，在有积水的情况下，积水入渗速度在初始阶段较快，随后逐渐减小，并逐渐趋于稳定，计算曲线与实测曲线基本一致。此外，由图 5.3.9 可知，入渗量在开始增加较快，随后增大得速度基本恒定，整个土柱约在 250min 左右完全饱和，入渗量不再增加。

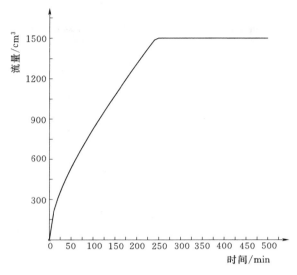

图 5.3.9　入渗总量与时间关系曲线

（3）水量守恒验证。水量守恒的验证是简单的。由计算而得的入渗总量为 $1502 cm^3$；实际上，渗入土柱的总水量应为土柱体积和土体饱和含水率与初时含水率之差的乘积，即 $61 \times 8.75 \times 8.75 \times (0.35 - 0.045) = 1425 cm^3$。二者相差 $77 cm^3$，误差为 5.4%。由上述可知，在计算中基本满足水量守恒。

3. 降雨入渗模拟

土柱初始体积含水率为 0.045，四周及底部为不透水边界，顶部为降雨边界，雨强为 $I = 0.000278 cm/s$（相当于每小时 10mm），连续降雨 500min。在该情况下，由于雨强小，雨水全部渗入土柱，顶部未形成积水。计算结果分析如下：

（1）含水率。含水率沿深度随时间变化曲线如图 5.3.10 所示。

由图可知，湿峰面是明显的，其深度随时间推移而不断增加。同时由于雨强较小，土柱顶部未出现积水，即未达到饱和含水率。

（2）入渗量。入渗总量与时间关系曲线如图 5.3.11 所示。由图可知，入渗总量与时间成基本线性关系（图中虚线为直线），斜率即为入渗速率，由图可知为 $1.316 cm^3/min$；而降雨总量与时间关系曲线也为直线，斜率为单位时间降在土柱顶部的雨量：$8.75 \times 8.75 \times 0.000278 \times 60 = 1.278 cm^3/min$，二者相差 0.038，误差为 2.97%。

（3）水量守恒验证。由计算而得的入渗总量为 $658 cm^3$；实际上，渗入土柱的总水量应为 500min 内的降雨总量，即 $30000 \times 8.75 \times 8.75 \times 0.000278 = 639 cm^3$。二者相差 $19 cm^3$，误差为 2.88%。由上述可知，在计算中，基本

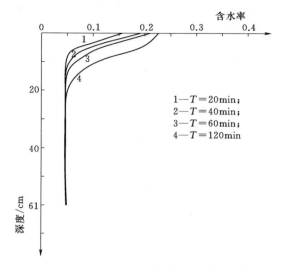

图 5.3.10　含水率沿深度随时间变化曲线图

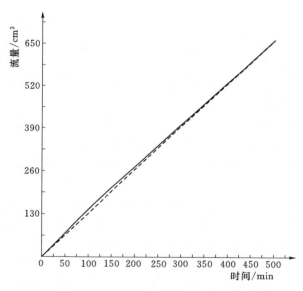

图 5.3.11　入渗总量与时间关系曲线

满足水量守恒。

4. 降雨积水入渗模拟

土柱初始体积含水率为 0.045，四周及底部为不透水边界，顶部为降雨边界。现模拟在雨强为 $I = 0.00139\text{cm/s}$（相当于每小时 50mm），连续降雨 600min。计算结果表明，在开始阶段，表面基质吸力不断下降，而且下降速度较快，后逐渐减慢。在 6000s（100min）时，顶部出现积水。在 16362s（272.7min）时，土柱充满水。计算结果分析如下。

（1）含水率。含水率沿深度随时间变化曲线如图 5.3.12 所示。

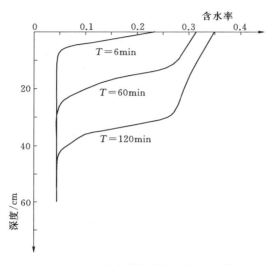

图 5.3.12　含水率沿深度随时间变化曲线

由图 5.3.12 可知，降雨初期，地表含水率迅速增大，随后缓步增大；随着降雨的进行，湿润锋下移，饱和区较小；而介于饱和区和湿润峰之间的过渡区和传导区分布区域较大，且随湿润峰的下移而不断增加。

（2）入渗率与入渗总量。入渗速度与时间关系曲线如图 5.3.13 所示；入渗总量与时间关系曲线如图 5.3.14 中曲线 2 所示。

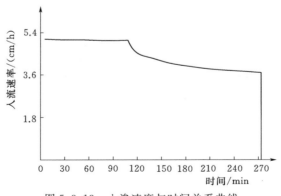

图 5.3.13　入渗速度与时间关系曲线

由图 5.3.13 可知，降雨积水入渗时，入渗速率分为两个阶段。在未产生积水之前，降雨初期，入渗速度为稳定值 $f = 5$cm/h，而降雨强度为 $R =$

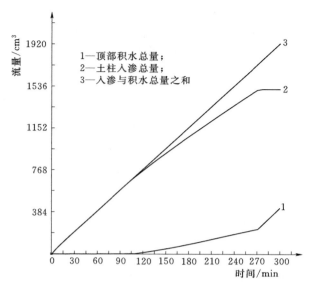

图 5.3.14　各总流量与时间关系曲线

5.004cm/h，二者几乎相等；产生积水后，入渗速率逐步降低，开始降得较快，后较慢，直至土柱饱和，雨水无法入渗为止。这和入渗理论是相当吻合的。

（3）水量守恒验证。图 5.3.14 中绘制的曲线 1、2、3 分别为顶部积水总量、土柱入渗总量、入渗与积水总量之和随时间变化曲线。可以看出，曲线 3 基本为直线，斜率为 $6.42cm^3/min$；由于雨强恒定，降雨总量是时间的线性函数，函数图形也是过原点的直线，斜率为单位时间降在土柱顶部的雨量，即 $8.75 \times 8.75 \times 0.00139 \times 60 = 6.39cm^3/min$。两者相差 0.03，误差为 0.46%。

5.3.3.2　Abdul and Gillham 试验模拟

利用缩编程序对 Abdul 等[34] 所做的试验进行了数值模拟，并与 Vander Kwaak[35] 提出的求解模型进行对比，验证所编程序的正确性。试验针对一砂土边坡开展，边坡尺寸如图 5.3.15 所示，厚度为 8cm。在 76cm 高处，设置出口收集径流水量。边坡坡角为 12°，曼宁糙率等于 $0.185s \cdot m^{-1/3}$。初始地下水位线水平，位于 76cm 高处。然后在坡表施加 $1.2 \times 10^{-5} m/s$ 的降雨，持续 20min。出口流量测试时长为 25min。

砂土的饱和渗透系数为 $3.5 \times 10^{-5} m/s$。土石特征曲线采用 VG 模型描述，相应参数取值为：$n = 5.5$，$a = 2.3m^{-1}$。所建模型在模拟时，网格尺寸为 $Dx = 8cm$，$Dy = 4cm$，$Dz = 1cm$，时间步长为 10s。图 5.3.16 为数值模拟结果与试验结果的对比，其中 ISWGM 为本书所建方法；InHM 为参考文献

[35] 的方法。图中试验数据和 InHM 模拟结果取自参考文献 [35]。由图可知,所建数值模型和程序与试验结果和他人方法符合较好。

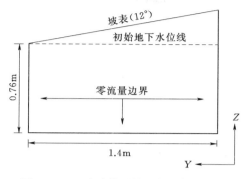

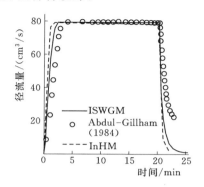

图 5.3.15　试验模型的几何形状及尺寸　　图 5.3.16　实验结果与数值模拟对比

5.4 降雨入渗过程多因素影响分析

本节基于所建三维同步求解模型,以简单边坡为例,采用正交设计,分析在降雨过程中,当雨强、土体渗透性、初始含水率、坡面糙率、坡角等因素改变时对降雨入渗与坡面径流过程的影响。

5.4.1 正交试验设计

如果有多个因素的变化制约着一个事件的变化,那么为了弄清哪些因素重要,哪些不重要,怎样的因素搭配会产生极值,必须通过实验验证。如果因素很多,而且每种因素又有多种变化(水平),那么试验量会非常大,显然是不可能逐一进行试验。例如影响主轴温升的因素很多,比如转速、预紧力、油气压力、喷油间隙时间、油品等等;每种因素的水平也很多,比如转速从 8krpm 到 20krpm 等。所有因素都做,大概一共要 900 次试验,按一天 3 次试验计,要不停歇的做 10 个月,显然是不可能的。能够大幅度减少试验次数而且并不会降低试验可信度的方法就是使用正交试验。

正交试验设计(orthogonal experimental design)是研究多因素多水平试验的一种设计方法,它是根据正交性从全面试验中挑选出部分有代表性的点进行试验,这些有代表性的点具备"均匀分散,齐整可比"的特点。正交试验设计是一种高效率、快速、经济的实验设计方法。例如做一个三因素三水平的实验,按全面实验要求,须进行 3^3=27 种组合的实验,且尚未考虑每一组合的重复数。若按 L9(3)^3 正交表安排实验,只需作 9 次,按 L18(3)^7 正交表进行 18 次实验,显然大大减少了工作量。因而正交实验设计在很多领域的研究中已经得到广泛应用。

进行正交试验设计，首先需要选择正交表。所谓正交表，就是一套经过周密计算得出的现成的试验方案，这套方案的总试验次数是远小于全面试验次数。一般的正交表记为 $L_n(m^k)$。L 为正交表；n 为表的行数，即试验的次数；k 为表中的列数，表示因素的个数；m 为各因素的水平数。正交表具有以下两项性质：

（1）每一列中，不同的数字出现的次数相等。例如在两水平正交表中，任何一列都有数码"1"与"2"，且任何一列中它们出现的次数是相等的；如在三水平正交表中，任何一列都有"1""2""3"，且在任一列的出现数均相等。

（2）任意两列中数字的排列方式齐全而且均衡。例如在两水平正交表中，任何两列（同一横行内）有序对子共有 4 种：（1，1）、（1，2）、（2，1）、（2，2）。每种对数出现次数相等。在三水平情况下，任何两列（同一横行内）有序对共有 9 种：1.1、1.2、1.3、2.1、2.2、2.3、3.1、3.2、3.3，且每对出现数也均相等。

以上两点充分地体现了正交表的两大优越性，即"均匀分散性，整齐可比"。通俗的说，每个因素的每个水平与另一个因素各水平各碰一次，这就是正交性。

建立好试验表后，根据表格做试验，然后处理数据。由于试验次数大大减少，使得试验数据处理非常重要。首先可以从所有的试验数据中找到最优的一个数据，当然，这个数据不一定是最佳匹配数据，但是肯定是最接近最佳的。接下来将各个因素当中同水平的试验值求和，就得到了各个水平的试验结果表，从这个表中又可以得到一组最优的因素，通过比较前一个因素，可以获得因素变化的趋势，指导进一步的试验。各个因素中不同水平试验值之间也可以进行如极差、方差等计算，可以获知这个因素的敏感度，等。还有很多处理数据的方法。应用这些处理方法可以对影响因素进行敏感性分析，也可确定最优方案，当然，如果因素水平很多，寻优过程可能不止一次。

正交试验法在西方发达国家已经得到广泛应用，在我国，正交试验法的理论研究工作已有了很大的进展，在工农业生产实践中也正在被广泛推广。

5.4.2　方案设计

考虑一均质边坡，如图 5.4.1 所示。边坡水平长 50m，竖直厚 20m，宽 10m。取水平向右为 x 轴，竖直向上为 z 轴，垂直纸面向内为 y 轴，建立坐标系。

为考查雨强、土体饱和渗透系数、初始含水率、坡面糙率、坡角等 5 种因素对该边坡降雨入渗与坡面径流的影响，5 种因素各取 4 种水平，见表 5.4.1。降雨持续时间 25h。

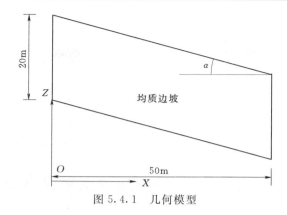

图 5.4.1　几何模型

表 5.4.1　　　　　　　　　　**因　素　水　平　表**

水平 \ 因素	雨强 /(×10⁻³ m/min)	土体类型	坡度 /(°)	初始含水率	坡面糙率 /(×10⁻² s·m⁻¹ᐟ³)
1	3.336	黏土	10	0.10	3.5
2	2.502	粉质黏土	20	0.15	2.625
3	1.668	粉土	30	0.20	1.75
4	0.834	砂土	40	0.25	0.875

下面给出各土体的渗透特性。根据土的工程分类，给定表 5.4.1 中各类土的容重和饱和渗透系数 K_s 见表 5.4.2。

表 5.4.2　　　　　　　　　　**材　料　参　数**

分类	黏土	粉质黏土	粉土	砂土
密度 /(g/cm³)	1.80	1.95	2.00	1.95
K_s /(×10⁻⁴ m/min)	6.9×10⁻³	0.35	0.69	6.9

土水特征曲线采用 Fredlund 模型描述，各种土体的拟合参数值见表 5.4.3。

表 5.4.3　　　　　　　　　　**土水特征曲线拟合参数**

土体类型	a/kPa⁻¹	n	m
黏土	109	0.728	0.556
粉质黏土	186	0.594	0.482
粉土	68	1.189	0.796
砂土	31	1.607	0.439

现选取坡面产流时间 t_p、终止时刻坡脚水深 h、终止时刻入渗量 Q、终止时刻入渗水量与总降雨量之比 C_{sr} 为考查指标。选取 $L_{16}(4^5)$，设计正交试验，分析上述 5 种因素对这些指标的影响。

5.4.3 结果分析

正交试验计算结果见表 5.4.4。

表 5.4.4 　　　　　　　计 算 结 果 表

因素 试验号	雨强	土体 类型	坡度	初始含 水率	坡面 糙率	考查指标			
						t_p/min	h/cm	Q/m³	C_{sr}/%
1	1	1	1	1	1	12.72	7.92	46	2.76
2	1	2	2	2	2	13.71	5.53	107	6.41
3	1	3	3	3	3	11.60	4.17	136	8.15
4	1	4	4	4	4	10.16	2.53	492	29.50
5	2	1	2	3	4	15.33	2.59	28	2.24
6	2	2	1	4	3	12.73	4.27	83	6.63
7	2	3	4	1	2	17.42	4.60	174	13.91
8	2	4	3	2	1	45.28	4.30	555	44.37
9	3	1	3	4	2	18.36	3.53	28	3.36
10	3	2	4	3	1	24.27	4.32	111	13.31
11	3	3	1	2	4	26.59	2.14	129	15.47
12	3	4	2	1	3	113.55	1.93	539	64.63
13	4	1	4	2	3	52.09	2.01	34	8.15
14	4	2	3	1	4	53.59	1.09	99	23.74
15	4	3	2	4	1	40.25	2.64	110	26.38
16	4	4	1	3	2	738	0.47	415.7	99.69

下面分别对考查指标 t_p、h、Q、C_{sr} 的影响因素进行分析。分析过程见表 5.4.5～表 5.4.8。

表 5.4.5 　　　　　　　t_p 影 响 因 素 分 析

因素	雨强	土体类型	坡度	初始含水率	坡面糙率
K_1	48.19	95.86	790.04	197.28	122.52
K_2	90.76	104.3	182.84	137.67	787.49
K_3	182.77	98.5	128.83	789.2	189.97
K_4	883.93	906.99	103.94	81.5	105.67
k_1	12.05	23.96	197.51	49.32	30.63
k_2	22.69	26.07	45.71	34.41	196.87
k_3	45.69	24.62	32.20	197.3	47.49
k_4	220.98	226.747	25.98	20.37	26.42
极差	208.93	202.78	171.52	176.92	170.46
最优方案	1	1	4	4	4

注 　K_i 是指某因素的第 i 水平的考查指标之和；k_i 为 K_i 的平均值；最优方案是指最早产流的组合。

由上表可知，对产流时间影响最大的是雨强，其次是土体类型，然后是初始体积含水率，坡度与坡面糙率影响程度相近。最早产流的组合是 5 因素依次按 11444 水平组合。按此组合重新计算，所得产流时间是 9.17min。

表 5.4.6 h 影响因素分析

因素	雨强	土体类型	坡度	初始含水率	坡面糙率
K_1	20.15	16.05	14.8	15.54	19.18
K_2	15.76	15.21	12.69	13.98	14.13
K_3	11.92	13.55	13.09	11.55	12.38
K_4	6.21	9.23	13.46	12.97	8.35
k_1	5.03	4.01	3.7	3.88	4.79
k_2	3.94	3.80	3.17	3.49	3.53
k_3	2.98	3.38	3.27	2.88	3.09
k_4	1.552	2.30	3.36	3.24	2.08
极差	3.48	1.70	0.52	0.99	2.70
最优方案	1	1	1	1	1

注 K_i 是指某因素的第 i 水平的考查指标之和；k_i 为 K_i 的平均值；最优方案是指坡脚水深最大的组合。

由上表可知，对坡脚水深影响最大的是雨强，其次是坡面糙率，然后依次是土体类型、初始体积含水率、坡度。坡脚水深最大的组合是 5 因素依次按 11111 水平组合。

表 5.4.7 Q 影响因素分析

因素	雨强	土体类型	坡度	初始含水率	坡面糙率
K_1	781	136	673.7	858	822
K_2	840	400	784	825	724.7
K_3	807	549	818	690.7	792
K_4	658.7	2001.7	811	713	748
k_1	195.25	34	168.425	214.5	205.5
k_2	210	100	196	206.25	181.17
k_3	201.75	137.25	204.5	172.67	198
k_4	164.67	500.42	202.75	178.25	187
极差	45.32	466.42	36.075	41.825	24.32
最优方案	2	4	3	1	1

注 K_i 是指某因素的第 i 水平的考查指标之和；k_i 为 K_i 的平均值；最优方案是指入渗量最大的组合。

由上表可知，对入渗量影响最大的是土体类型，其次是雨强，然后依次是初始体积含水率、坡度、坡面糙率。入渗量最大的组合是 5 因素依次按 24311 水平组合。按此组合重新进行计算，所得计算终止时刻入渗量为 586.00m³。另外由于雨强水平均较大，除 4 水平外，其 k 值相差并不大，因此计算组合 14311，得入渗量为 595.85m³，与组合 24311 相比多 9.85m³，因此最优组合为 24311。

表 5.4.8 C_{sr} 影 响 因 素 分 析

因素	雨强	土体类型	坡度	初始含水率	坡面糙率
K_1	46.82	16.50	124.54	145.23	86.81
K_2	67.14	50.09	99.66	105.03	123.36
K_3	96.76	63.90	79.61	74.40	87.56
K_4	157.96	238.17	64.86	65.86	70.94
k_1	11.70	4.126	31.13	36.30	21.70
k_2	16.78	12.52	24.91	26.25	30.84
k_3	24.19	15.97	19.90	18.60	21.89
k_4	39.49	59.54	16.21	16.46	17.73
极差	27.78	55.41	14.92	19.84	13.10
最优方案	4	4	1	1	2

注　K_i 是指某因素的第 i 水平的考查指标之和；k_i 为 K_i 的平均值；最优方案是指入渗量占降雨量比例最大的组合。

由上表可知，对入渗量与降雨量比例影响最大的是土体类型，然后是雨强，再次是初始体积含水率、坡度、坡面糙率。入渗比例最大的组合是 5 因素依次按 44112 水平组合。按此组合进行计算，所得计算终止入渗比例为 100%，即此时未产流。

5.4.4　影响规律小结

应用正交试验，以简单边坡为例，拟定降雨入渗过程中的坡面产流时间 t_p、终止时刻坡脚水深 h、终止时刻入渗水量 Q、终止时刻入渗水量与总降雨量之比 C_{sr} 作为考查指标，分析了 5 种因素对 4 个指标的综合影响及影响程度：

（1）影响坡面产流时间的主要因素是雨强、土体类型，其次为初始体积含水率，坡度、坡面糙率的影响相对较小。在大雨强下，黏土质、初始含水率大的边坡越早产流。

（2）对坡脚水深影响较大的因素依次是雨强、坡面糙率、土体类型，初始含水率与坡度影响相对较小。雨强、坡面糙率大的黏土质边坡坡脚水深较大。

（3）对入渗量影响最大的是土体类型，其次是雨强，然后依次是初始体积含水率，坡面糙率。经修正后得到的最大入渗量组合是大雨强下，坡度为30°、初始含水率低的砂土质边坡。

（4）对入渗量与降雨量比例影响最大的是土体类型，然后是雨强，再次是初始体积含水率、坡度、坡面糙率。

当然本节考虑的雨强较大，所有计算组合基本产流，因此对入渗量影响较大是土体类型，当雨强较小而坡体未必产流的情况应当别论。

5.5 地表排水沟排水数值模拟

排水沟是常见的滑坡治理措施之一，几乎每个滑坡的治理都用到，但是对其排水数值模拟和排水效果的研究却非常少见。刘德富等[36]从坡面产流及降雨入渗的一般规律出发，对滑坡地表排水在不同的产流阶段以及不同条件下的效果进行了探讨，指出地表排水主要是通过改变降雨入渗的初始边界条件来达到减小入渗量、治理滑坡的目的；地表排水布置的关键是抓住地质条件的不均匀性；地表排水的效果主要体现在坡面形成稳定径流前；当降雨时间逐渐增长时，初始条件对降雨入渗的影响会减小，当降雨强度及历时足够大时，坡面会形成稳定径流，排水沟对入渗边界条件的改变所引起的入渗差别不大。同时还指出，地表排水效果的定量评价是一个复杂问题，必须处理好"三水"（地表水、土壤水、地下水）的转换问题。本节在上节所建整体求解模型的基础上，加入排水沟模型，开展简单边坡排水沟排水效果数值模拟，探讨设置排水沟的原则。

5.5.1 排水沟排水数值模型

对坡面径流而言，排水沟的作用实质上是切断径流区域间的水力联系，在数学方程上则表现为改变坡面径流的边界条件。为研究方便，假定不论有多少来水，排水沟均能将其排走。如图 5.5.1 所示，设坡面径流由 AB 边流向 GH 边。区域1由 $ABDC$ 构成，区域2由 $CDFE$ 构成，区域3由 $EFHG$ 构成。如果不设置排水沟，则三个区域为一个整体，坡面径流将在这个整体区域流动。在耦合模型中，这个整体区域的径流边界条件为：AB 为定水头边界，压力水头为0；$ACEG$、$BDFH$ 为流量边界，流量为0。如果在区域2设置排水沟（为显示需要，画的较大），则坡面径流将在区域1、3内流动，在耦合模型中，径流的边界条件应该按区域1、3分别给出。区域1为：AB 为定水头边界，压力水头为0；AC、BD 为流量边界，流量为0。区域3为：EF 为定水头边界，压力水头为0；EG、FH 为流量边界，流量为0。

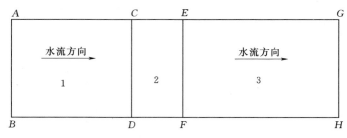

图 5.5.1　排水沟示意图

从流量角度来看，当不排水时，区域 1、3 之间有流量联系，具体为，区域 1 的水从 CD 流经区域 2 到 EF，最后流入区域 3。而设置排水沟后，区域 1 的水流入区域 2 后，不流入区域 3。

为方便阅读，坡面径流的控制方程重列如下：

$$
\begin{cases}
\dfrac{\partial h}{\partial t}+\dfrac{\partial q_x}{\partial x}+\dfrac{\partial q_y}{\partial y}=q_e & （连续方程）\\[3mm]
q_x=\dfrac{1}{n}h^{\frac{5}{3}}\dfrac{S_x^{1/2}}{\left[1+(S_y/S_x)^2\right]^{1/4}} & （动量方程）\\[3mm]
q_y=\dfrac{1}{n}h^{\frac{5}{3}}\dfrac{S_y^{1/2}}{\left[1+(S_x/S_y)^2\right]^{1/4}} & （动量方程）
\end{cases}
\tag{5.5.1}
$$

式中：q_x、q_y 分别为 x、y 方向的单宽流量；h 为水深；q_e 为垂直净降雨强度；S_x、S_y 分别为 x、y 方向的坡度分量；n 为坡面粗糙系数。

由上式可知，如果 S_x、S_y 为 0，则相应的流量也为 0，即当不存在坡度时，水不流动。因此可以通过调整参数 S_x、S_y 来达到切断区域间的水力联系的目的。具体可按如下操作：

（1）按区域将 1、2、3 划分单元，记区域 2 的单元为排水单元。

（2）在计算时，凡是排水单元不论其坡度 S_x、S_y 是否为 0，均修改为 0。

（3）引入区域 1、3 的边界条件。

上述的排水模型是通过调整排水单元的坡度 S_x、S_y 来达到切断排水单元上下区域 1、3 间的流量联系；再由区域 3 的边界条件 EF 的压力水头为 0，来达到由 EF 流入区域 3 的流量为 0 的目的。由有限单元法的特点可知，区域 1 中与排水单元的公共节点水深会稍大些，这是因为在计算等效节点流量时排水单元对其有贡献，但这恰好可以在一定程度上考虑排水单元自身所排走的水量。当然这样做存在一定的误差，但是由于排水沟的尺寸相对整个边坡而言，一般均很小，因此可以满足工程计算精度；该模型具有程序设计易于实现的优点。

5.5.2 排水数值模拟及分析

本节以简单边坡为例,模拟并对比在降雨条件下设置与不设置排水沟时入渗产流的不同。假定所讨论的边坡坡面上没有裂隙、坑挖等情况。先给出 4 种典型形态边坡,分别如图 5.5.2 所示。

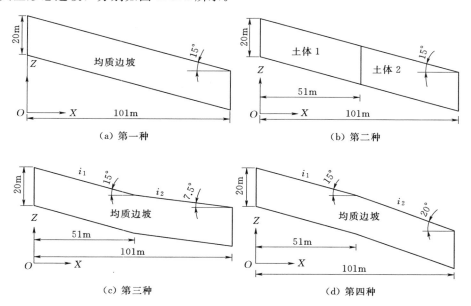

图 5.5.2　数值模拟的边坡几何尺寸

其中第一种为均质、坡度相同的边坡,水平长 101m,竖直高 20m,宽 10m,坡角 15°,在建立有限元模型时,取坐标系 y 轴垂直纸面向内。第二种边坡尺寸、坡角同第一种,但在水平坐标小于 51 的区域,渗透系数为 K_1,另外一部分为 K_2,如图 5.5.2 (b) 所示。第三种边坡尺寸同第一种,坡体均质,在 $x=51$m 处,坡度发生变化,$i_1>i_2$ 具体见图。第四种边坡尺寸同第一种,坡体均质,在 $x=51$m 处,坡度发生变化,$i_1<i_2$,具体如图 5.5.2 (d) 所示。

根据这 4 种典型边坡,给出 5 组计算情况,每组分为排水与不排水两种情况,具体见表 5.5.1。

1. 计算条件

以上 5 组情况,边界条件为:对渗流而言,四周及底部为不透水边界,坡面为降雨边界。对坡面流而言,坡面顶部为水头边界,其压力水头保持为 0;其余侧边入流流量为 0。

表 5.5.1　　　　　　　　　　　　典型计算情况一览表

编号	坡体特征	排水沟设置
第一组	均质、同坡度	$X=50m$ 处设置，宽 1m
第二组	$K_1 > K_2$，同坡度	渗透性变化处设置，$X=50m$，宽 1m
第三组	$K_1 < K_2$，同坡度	渗透性变化处设置，$X=50m$，宽 1m
第四组	均质，$i_1 > i_2$	坡度变化处设置，$X=50m$，宽 1m
第五组	均质，$i_1 < i_2$	坡度变化处设置，$X=50m$，宽 1m

注　在这里，均质主要指渗透性相同。

以上 5 组情况，初始渗流场按下述方法确定：整个坡体取相同体积含水率 0.2，经长时间计算，渗流场改变不大后，作为初始渗流场。坡面初始无径流。

降雨强度为 $R=0.001668m/min$，持续 3000min。坡面糙率为 0.035。

定义两组土体材料见表 5.5.2。其中土水特征曲线采用 VG 模型描述，模型参数的取值见表 5.5.2。

表 5.5.2　　　　　　　　　　　　材 料 分 类 表

材料编号	饱和渗透系数 /(m/s)	土水特征曲线参数		
		a/kPa^{-1}	n	m
1	6.9×10^{-4}	31	1.607	0.439
2	6.9×10^{-6}	109	0.728	0.556

对于第一、四、五组，土体均为材料 1；对于第二组，土体 1 为材料 1，土体 2 为材料 2；对于第三组，土体 1 为材料 2，土体 2 为材料 1。

2. 模拟结果及分析

下面给出有代表性的第三组情形下的数值模拟结果。初始渗流场如图 5.5.3 所示。

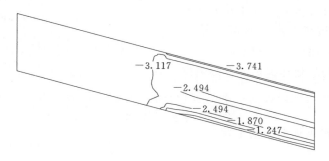

图 5.5.3　坡体初始孔隙压力水头分布图（单位：m）

下面从坡体渗流场分布、入渗产流量对比分析坡体设与不设排水沟的差异。

（1）坡体水头等值线分布规律。12h、32h、50h时刻，不排水、排水情况下坡体孔隙水压力等值线如图5.5.4～图5.5.6所示。由图可知，由于排水沟左侧坡体渗透性较小，因此雨水下渗较慢，左侧坡体基质吸力降低明显较右侧坡体慢。在16h、32h时刻，设与不设排水沟时的孔隙水压力分布大致相同，但在50h（即长时间降雨）时刻，设置排水沟时坡体地下水位线及坡体右侧底部压力水头低于不设排水沟的。说明这种情况下，设置排水沟对防止雨水入渗具有一定作用，但不明显。

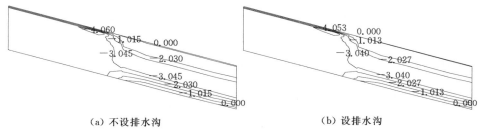

(a) 不设排水沟   (b) 设排水沟

图 5.5.4　16h时刻坡体孔隙水压力分布（单位：m）

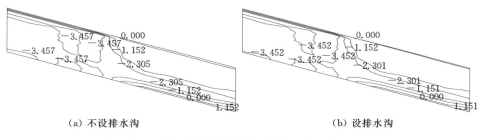

(a) 不设排水沟   (b) 设排水沟

图 5.5.5　32h时刻坡体孔隙水压力分布（单位：m）

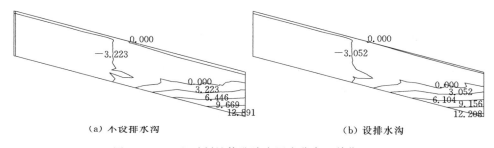

(a) 不设排水沟   (b) 设排水沟

图 5.5.6　50h时刻坡体孔隙水压力分布（单位：m）

（2）各种水量关系。不排水时，将降雨过程中坡体入渗总量、坡脚流出总水量、二者之和与时间关系曲线绘制于图5.5.7（a）；在排水时，将降雨过程中坡体入渗总量、坡脚流出总水量、排水总量、三者之和与时间关系曲线绘制于图 5.5.7 (b)。由图可知,在该情况下排水沟对入渗量与入渗过程有一定的影响。

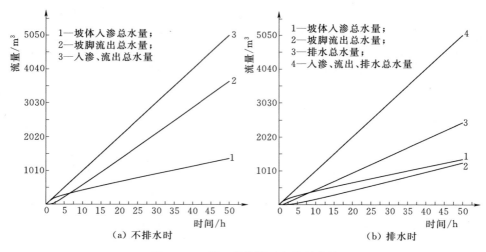

图 5.5.7 第三组情况时各流量曲线

（3）改变土体渗透性后的结果。为考查在相对渗透系数而言较小的雨强下,设与不设排水沟的区别,其他计算条件不变,将雨强改为 0.000834m/min。下面仍从坡体渗流场分布、入渗产流量对比分析坡体设与不设排水沟的差异。

限于篇幅,只绘制 50h 时刻,不排水、排水情况下坡体孔隙水压力等值线,如图 5.5.8 所示。

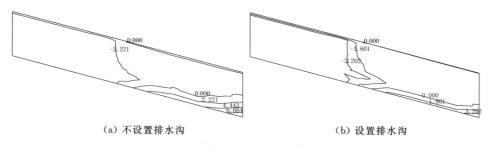

图 5.5.8 50h 时刻坡体孔隙水压力分布（单位：m）

在 50h 时刻,设置排水沟时坡体地下水位线明显低于不设排水沟的。说明这种情况下,设置排水沟对防止雨水入渗具有较大作用。

在不排水时,将降雨过程中坡体入渗总量、坡脚流出总水量、二者之和与时间关系曲线绘制于图 5.5.9 (a)；在排水时,将降雨过程中坡体入渗总量、坡脚流出总水量、排水总量、三者之和与时间关系曲线绘制于图 5.5.9 (b)。

根据计算结果，排水沟对入渗量与入渗过程有影响，设排水沟时入渗量为 1220m³，不设排水沟时入渗量为 1362m³，减少了 163m³。

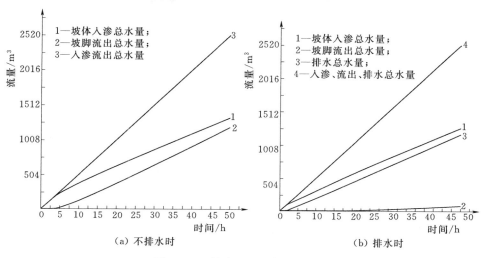

图 5.5.9　较小雨强下各流量曲线

3. 结论

排水数值模拟结果表明，对坡面上没有裂隙、坑挖等缺陷的边坡而言，经历相同的降雨历时，在均质坡体中部、渗透性有差异处、坡度有差异处设置与不设置排水沟时入渗与产流过程的不同主要有以下几个方面：

（1）对于均质边坡而言，坡面设与不设排水沟，对坡体渗流场、入渗量与入渗过程基本无影响；设置排水沟后，受其影响，在排水沟下游径流水深明显减小。

主要原因是：对径流场而言，排水沟改变了坡面径流的边界条件，因此径流水深出现较大差异。对渗流场而言，在坡面产流前，坡面入渗边界条件只是在有排水沟的地方才发生变化，而排水沟尺寸相对坡体可以忽略不计，因此可以近似认为入渗的边界条件没有改变，所有降雨均入渗，入渗量与入渗过程取决于降雨过程，因此坡表有无排水沟是相同的；坡面产流后，坡面上某处径流水深相对该处的总水头通常很小，设与不设排水沟总水头差异也很小，因此影响入渗速率的主要是渗透系数，而渗透系数与土体的饱和度有关。在较大雨强下（雨强相对渗透系数较大），坡面各处产流时间基本同时，而产流后，坡表饱和，入渗速率几乎相同，因此入渗量入渗过程相同。

（2）在渗透性由大变小处设置排水沟，对坡体渗流场、入渗量与入渗过程基本无影响；设置排水沟后，受其影响，在排水沟下游径流水深明显减小。

主要原因是：由于右侧坡体渗透性小，坡表先产流，但产流形成的径流从坡脚流出，未改变左侧坡体渗流径流边界条件，故对整个坡体渗流场、入渗量、入渗过程改变不大。

（3）左侧坡体渗透性较小，坡体产流所需时间很短，从而产流形成的径流影响右侧坡体，使右侧坡体产流提前，入渗量增大，并且雨强相对右侧坡体渗透性较小而相对左侧坡体渗透性较大时更为明显。

（4）对在坡度变化处设置排水沟的情况，由于对坡面产流时间影响较大的是坡体渗透性，而坡度影响较小，因此这种情况与均质边坡上设置排水沟所得结论基本相同。

当然，本章只是在简单边坡的基础上初步探讨了降雨过程中排水沟对入渗产流的影响，实际情况下的边坡无论在地形还是在物质组成上都十分复杂，具体边坡的排水沟排水效果必须具体分析。

参 考 文 献

［1］　AKAN A O，YEN B C. Mathematical model of shallow water flow over porous media［J］. Journal of the hydraulics division，1981，107（4）：479 - 494.

［2］　雷志栋，杨诗秀，谢森传. 土壤水动力学［M］. 北京：清华大学出版社，1988.

［3］　张家发. 三维饱和非饱和稳定非稳定渗流场的有限元模拟［J］. 长江科学院院报，1997，14（3）：35 - 38.

［4］　陈力，刘青泉，李家春. 坡面降雨入渗产流规律的数值模拟研究［J］. 泥沙研究，2001（4）：61 - 67.

［5］　陈善雄，陈守义. 考虑降雨的非饱和土边坡稳定性分析方法［J］. 岩土力学，2001（4）：447 - 450.

［6］　吴宏伟，陈守义. 雨水入渗对非饱和土坡稳定性影响的参数研究［J］. 岩土力学，1999，20（1）：1 - 14.

［7］　谭新，陈善雄，杨明. 降雨条件下土坡饱和-非饱和渗流分析［J］. 岩土力学，2003，24（3）：69 - 72.

［8］　张培文，刘德富，黄达海，等. 饱和-非饱和非稳定渗流的数值模拟［J］. 岩土力学，2003，24（6）：927 - 930.

［9］　张培文，刘德富，郑宏，等. 降雨条件下坡面径流和入渗耦合的数值模拟［J］. 岩土力学，2004，25（1）：109 - 113.

［10］　童富果，田斌，刘德富. 改进的斜坡降雨入渗与坡面径流耦合算法研究［J］. 岩土力学，2008，29（4）：1035 - 1040.

［11］　TIAN D F，LIU D F. A New Integrated Surface and Subsurface Flows Model and Its Verification［J］. Applied mathematical modelling，2011，35（7）：3574 - 3586.

［12］　TIAN D F，ZHENG H，LIU D F. A 2d Integrated Fem Model for Surface Water - Groundwater Flow of Slopes under Rainfall Condition［J］. Landslides，2016，14（2）：1 - 17.

［13］　RICHARDS L A. Capillary Conduction of Liquids through Porous Mediums［J］.

Physics，1931，1（5）：318－333.

[14] 刘贤赵，康绍忠.降雨入渗和产流问题研究的若干进展及评述［J］.水土保持通报，1999，19（2）：57－62.

[15] 朱岳明，龚道勇，罗平平.三维饱和-非饱和降雨入渗渗流场分析［J］.水利学报，2003，34（12）：68－72，77.

[16] SHIRAKI K，SHINOMIYA Y，SHIBANO H. Numerical experiments of watershed－scale soil water movement and bedrock infiltration using a physical three－dimensional simulation model［J］. Journal of forest research，2006，11（6）：439－447.

[17] TSAI T L，YANG J C. Modeling of rainfall－triggered shallow landslide［J］. Environmental geology，2006，50（4）：525－534.

[18] 娄一青.降雨条件下边坡渗流及稳定有限元分析［J］.水利学报，2007（S1）：351－356.

[19] GAVIN K，XUE J. A simple method to analyze infiltration into unsaturated soil slopes［J］. Computers and geotechnics，2008，35（2）：223－230.

[20] MUNTOHAR A S，LIAO H J. Rainfall infiltration：infinite slope model for landslides triggering by rainstorm［J］. Natural hazards，2010，54（3）：967－984.

[21] 沈银斌，朱大勇，蒋泽锋，等.降雨过程中边坡临界滑动场［J］.岩土力学，2013，34（s1）：60－66.

[22] 唐栋，李典庆，周创兵，等.考虑前期降雨过程的边坡稳定性分析［J］.岩土力学，2013（11）：3239－3248.

[23] 荣冠，张伟，周创兵.降雨入渗条件下边坡岩体饱和非饱和渗流计算［J］.岩土力学，2005，26（10）：24－29.

[24] MORITA M，YEN B C. Modeling of Conjunctive Two－Dimensional Surface－Three－Dimensional Subsurface Flows［J］. Journal of hydraulic engineering，2002，128（2）：184－200.

[25] HUSSEIN M，SCHWARTZ F W. Maged Hussein，Franklin W. Schwartz. Modeling of Flow and Contaminant Transport in Coupled Stream－Aquifer Systems［J］. Journal of contaminant hydrology，2003，65（1）：41－64.

[26] PANDAY S，HUYAKORN P S. A fully coupled physically－based spatially－distributed model for evaluating surface/subsurface flow［J］. Advances in water resources，2004，27（4）：361－382.

[27] LIANG D，FALCONER R A，LIN B. Coupling surface and subsurface flows in a depth averaged flood wave model［J］. Journal of hydrology，2007，337（1）：147－158.

[28] BAUTISTA E，ZERIHUN D，CLEMMENS A J，et al. External Iterative Coupling Strategy for Surface－Subsurface Flow Calculations in Surface Irrigation［J］. Journal of irrigation and drainage engineering，2010，136（10）：692－703.

[29] BANTI M，ZISSIS T，ANASTASIADOU－PARTHENIOU E. Furrow Irrigation Advance Simulation Using a Surface－Subsurface Interaction Model［J］. Journal of irrigation & drainage engineering，2011，137（5）：304－314.

[30] KIM J，IVANOV V Y，KATOPODES N D. Modeling erosion and sedimentation cou-

pled with hydrological and overland flow processes at the watershed scale [J]. Water resources research，2013，49（9）：5134 - 5154.

[31] SHOKRI A，BARDSLEY W E. Development，testing and application of DrainFlow：A fully distributed integrated surface - subsurface flow model for drainage study [J]. Advances in water resources，2016，92：299 - 315.

[32] 朱磊，田军仓，孙骁磊. 基于全耦合的地表径流与土壤水分运动数值模拟 [J]. 水科学进展，2015，26（3）：322 - 330.

[33] 童富果. 降雨条件下坡面径流与饱和-非饱和渗流耦合计算模型研究 [D]. 宜昌：三峡大学，2004.

[34] ABDUL A S，GILLHAM R W. Field studies of the effects of the capillary fringe on streamflow generation [J]. Journal of hydrology（Amsterdam），1989，112（1 - 2）：1 - 18.

[35] VANDERKWAAK J E. Numerical Simulation of Flow and Chemical Transport in Integrated Surface - Subsurface Hydrologic Systems [D]. Waterloo，Ont.，Canada：University of Waterloo，1999.

[36] 刘德富，罗先启. 滑坡地表排水布置及效果初探 [J]. 葛洲坝水电工程学院学报，1994（2）：24 - 31.

第 6 章

考虑径流影响的边坡降雨入渗数值模拟

针对现有边坡降雨入渗数值模型未能考虑径流流量补给的缺陷，本章在简化模型和同步求解模型的基础上，分别建立二维和三维情形下、考虑径流流量补给的数值模型。并基于所建模型，对简单算例和实际滑坡的降雨入渗过程进行了数值模拟。

6.1 概述

强降雨、特别是暴雨时，边坡降雨入渗分析的关键问题之一是降雨入渗边界的处理。典型的入渗过程可概述为：降雨初期，坡表未饱和，雨水全部入渗；随着降雨的进行，坡表逐渐饱和；之后雨水不能全部入渗，多余雨水形成坡面径流。前述的分析方法中，在坡表饱和之前，降雨入渗边界的处理方式是相同的，即将其视为流量边界，流量大小根据雨强确定；而坡表饱和产流之后，根据处理方式的不同可分为简化模型、迭代求解模型和同步求解模型。

这些模型或方法在模拟渗透性差异不大的边坡降雨入渗时是可行的，但若边坡的渗透性空间差异较大，则将产生较大误差，例如滑坡。如图 6.1.1 所示，由于滑床渗透性很小，降雨至基岩边坡 AB 后几乎全部形成径流而最终渗入滑体 BC（这里假设滑体具有足够大的渗透性）；本章将其称为径流补给。由于第一类方法忽略坡面径流，因此无法考虑径流补给。尽管第二类方法能考虑坡面径流，但是当 AB 饱和而 BC 未饱和时，坡面径流的计算域只有 AB，实质上也未能考虑径流补给。这将低估滑体的真实入渗水量，从而低估降雨对滑坡稳定性的不利影响。相信许多从事降雨时滑坡稳定性数值模拟的工作者有类似的经历，在应用 Richards 方程进行滑坡降雨入渗模拟后，发现降雨对滑坡的安全系数影响不大，特别是考虑深层滑动时。

鉴于上述问题，本章将在简化模型和同步求解模型的基础上，分别建立二维和三维情形下、考虑径流流量补给的数值模型并加以应用。

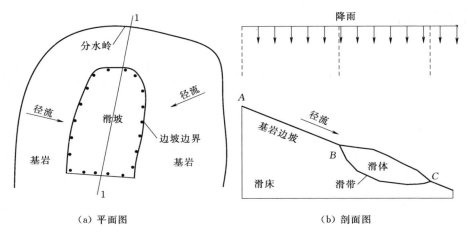

（a）平面图　　　　　　　　　　　　（b）剖面图

图 6.1.1　典型滑坡示意图

6.2　考虑径流影响的二维简化模型

本文以 Richards 方程和有限元法为基础，以滑坡渗流模拟为例构建考虑径流影响的二维简化模型。具体为：忽略降雨对渗透性极低的滑床和滑带的影响，将滑坡渗流计算域缩小为滑体，以避免因滑体与滑床（滑带）渗透性差异巨大引起的数值计算困难；依据基岩边坡水平长度和滑体降雨入渗边界饱和情况，修正降雨入渗边界，实现了考虑径流补给的滑坡降雨入渗简化数值模拟。算例表明，本文方法所得渗流场更加符合实际情况。以三峡库区某滑坡为例，模拟了 2006 年 10 月—2009 年 12 月间滑坡在库水升降和降雨条件下的渗流场演化过程；计算结果表明，考虑径流补给时滑坡后部的渗流场饱和区域明显较大。

6.2.1　基本理论

所建模型采用 Richards 方程描述非饱和渗流过程，采用有限元法进行数值求解。方便起见，将各向同性且不考虑源汇项的 Richards 方程及其有限元格式简述如下。Richards 方程如下：

$$C\frac{\partial\phi}{\partial t}-\frac{\partial}{\partial x}\left(K\frac{\partial\phi}{\partial x}\right)-\frac{\partial}{\partial y}\left(K\frac{\partial\phi}{\partial y}\right)=0 \qquad (6.2.1)$$

式中：$C=\partial\theta/\partial h$ 为容水度函数，θ 为体积含水率，h 为压力水头；t 为时间；ϕ 为总水头，$\phi=y+h$，y 为位置水头；$K=K_rK_s$ 为渗透系数，K_r 为相对渗透系数，K_s 为饱和渗透系数；x、y 为坐标，y 轴竖直向上为正。

在求解域 Ω 内初始条件为

$$\phi(x,y,0)=\phi_0(x,y) \qquad (6.2.2)$$

边界条件为，在 Γ_h 上为本质边界条件：

$$\phi=\overline{\phi} \qquad (6.2.3)$$

在 Γ_q 上为自然边界条件：

$$q=-K\left(\frac{\partial\phi}{\partial x}n_x+\frac{\partial\phi}{\partial y}n_y\right)=\overline{q} \qquad (6.2.4)$$

式中：ϕ_0、$\overline{\phi}$、$\overline{q}$ 分别为已知函数；n_x、n_y 分别为 Γ_q 外法线单位向量在 x、y 轴的分量。

降雨入渗边界可以视为自然边界。

Richards 方程的有限元求解模型如下式：

$$[S]\frac{[\phi]^{t+1}-[\phi]^t}{\Delta t}+[D][\phi]^{t+1}=[q] \qquad (6.2.5)$$

式中：$[S]$、$[D]$ 矩阵分别由单元矩阵 $[S_e]$、$[D_e]$ 叠加而成，矩阵 $[S_e]$ 的元素 $s_{ij}=\dfrac{\displaystyle\int CN_iN_j\mathrm{d}e}{\Delta t}$；$[D_e]$ 的元素 $d_{ij}=\displaystyle\int K\left(\frac{\partial N_i}{\partial x}\frac{\partial N_j}{\partial x}+\frac{\partial N_i}{\partial y}\frac{\partial N_j}{\partial y}\right)\mathrm{d}e$；$[\phi]^{t+1}$、$[\phi]^t$ 分别为 $t+1$、t 时刻的节点水头向量；$[q]$ 的元素 $f_i=\displaystyle\int N_j\overline{q}\mathrm{d}e$。

6.2.2　模型的建立

1. 分析模型的简化及假设

通常情况下，滑坡渗流计算域应取自分水岭至滑坡前缘包括滑体、滑带以及滑床等区域。但由于滑床和滑带的渗透性很小，降雨对滑床和滑带渗流场的影响很小；同时滑床和滑带与滑体间的流量交换也将很小。故渗流计算域只取滑体即可。这样处理可以减小计算规模，同时也可避免因滑体与滑床（滑带）渗透系数相差过大带来的数值求解困难。图 6.2.1 为本文方法的边界示意图。为降低计算的复杂性，本文忽略径流过程，忽略基岩边坡和滑带的入渗，假定降至基岩边坡 AB 的雨水全部径流至滑体 BC 并补给入渗。

2. 降雨边界修正

在进行有限元数值模拟时，图 6.2.2 中边界 BDC 被离散为有限条边，如 12、23、34 等，如图 6.2.2 所示。可从点 B 至 C 依次记为 E_1，E_2，…，E_i，…，E_n。当边的两个节点压力水头均大于 0 时，该边饱和，反之为非饱和。假设边 E_1 未饱和，则该边的总入渗率 $Q_1 = R + Q_{s1}$，Q_{s1} 称为径流补给入渗率，可按下式确定：

$$Q_{s1} = BLR/L_1$$

式中：BL 为基岩边坡的水平长度，$[L]$；L_1 为边 E_1 的水平长度，$[L]$。

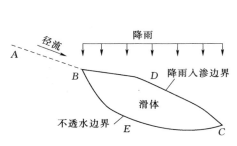

图 6.2.1 渗流计算边界示意图

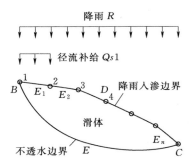

图 6.2.2 降雨边界修正示意图

容易推得，若边 E_1 至 E_{i-1} 饱和而 E_i 未饱和，则边 E_i 考虑径流后的补给入渗率 Q_{si} 为

$$Q_{si} = \left[BLR + \sum_{m=1}^{i-1} \int_{E_m} (R\cos\alpha - I)\,\mathrm{d}l \right] / L_i \qquad (6.2.6)$$

式中：L_i 为边 E_i 的水平长度，$[L]$；$I = k_x \partial H/\partial x \sin\alpha + k_y \partial H/\partial y \cos\alpha$。

因此，降雨入渗边界被分为 3 种情形：第一种为已经饱和产流，其边界按式（6.2.3）确定，且 $\overline{\phi} = y$；第二种为径流补给边界如上述的边 E_i，按式（6.2.4）确定，且 $\overline{q} = Q_{si}$；第三种为非饱和边界，如图 6.6.2 中 E_{i+1}，…，E_n 边，按式（6.2.4）确定，且 $\overline{q} = R$，R 为雨强。

3. 算法流程

记 ϕ^0 为 t 时刻的渗流场，ϕ^1、ϕ^2 为 $t + \Delta t$ 时刻渗流场。给定允许误差 $Toler$；若降雨边界发生修正，逻辑变量 BCChange 为 true。最初降雨边界中的边 E_1 应考虑 Q_{s1}。本节方法流程如下：

（1）$\phi^1 \leftarrow \phi^0$；$\phi^2 \leftarrow \phi^0$。

（2）在最初降雨边界条件下，根据 ϕ^0 计算 ϕ^1。

（3）计算 ϕ^1 和 ϕ^2 之间误差 Err；根据 ϕ^1 由式（6.2.6）修正降雨边界，并确定 BCChange。

（4）若 $Err < Toler$ 且 BCChange 为 false，则 $t = t + \Delta t$，$\phi^0 \leftarrow \phi^1$，返回（1）；若不满足，则 $\phi^2 \leftarrow \phi^1$，在修正的降雨边界条件下，根据 ϕ^0 计算 ϕ^1，返回（3）。

6.2.3 数值算例

本节模拟简单算例的入渗过程，从入渗总量的角度，验证本节方法的正确性。如图 6.2.3 所示，计算域为平行四边形 $ACDB$，可以代表滑体区域；EA 可以代表基岩边坡。AB 为降雨边界，降雨强度为 R，持续 36000s（10h），EA 也有相同降雨；其余为不透水边界。初始体积含水率 θ_0 为 0.1。

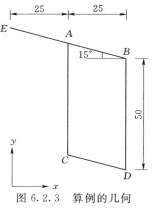

图 6.2.3 算例的几何尺寸（单位：cm）

计算所用土体的土水特征曲线（SWCC）及渗透性函数分别见表 6.2.1 和表 6.2.2。土体饱和渗透系数 $k_s = 7.22 \times 10^{-4}$ cm/s。

表 6.2.1 土水特征曲线离散数据表

θ	0.028	0.062	0.085	0.116	0.178	0.265	0.306	0.35
h/cm	200.0	100.0	80.0	60.0	40.0	20.0	10.0	0.0

注 θ 为体积含水率；h 为基质吸力。

表 6.2.2 渗透性函数曲线离散数据表

θ	0.028	0.050	0.10	0.15	0.175	0.20	0.225	0.25
k_r	0.001	0.0075	0.015	0.03	0.05	0.082	0.25	0.55
θ	0.275	0.2875	0.30	0.306	0.175	0.35		
k_r	0.886	0.963	0.992	0.01	0.997	1.0		

注 θ 为体积含水率；k_r 为相对渗透系数。

降雨量与时间关系用 $Q_R(t)$ 表示，由下式计算：

$$RC(t) = 50Rt \tag{6.2.7}$$

$ACDB$ 的入渗总量用 Q_{M1} 或 Q_{M2} 表示，分别由下式计算：

$$Q_{M1}(t) = \sum_{i=1}^{n} \int_{ei} [\theta_{M1}(t) - \theta_0] \mathrm{d}V \tag{6.2.8}$$

$$Q_{M2}(t) = \sum_{i=1}^{n} \int_{ei} [\theta_{M2}(t) - \theta_0] \mathrm{d}V \tag{6.2.9}$$

式中：n 为单元总数；M_1 表示本文方法计算结果；M_2 表示引言中第一类方法计算结果。

两种方法所得入渗总量与降雨量之差用 D_1 和 D_2 表示，分别由下式计算：

$$D_1(t) = [Q_{M1}(t) - Q_R(t)] \times 100 / Q_R(t) \tag{6.2.10}$$

$$D_2(t) = [Q_{M2}(t) - Q_R(t)] \times 100 / Q_R(t) \tag{6.2.11}$$

本文模拟了当 $R = 2.894 \times 10^{-5}$ cm/s（25mm/d）、5.787×10^{-5} cm/s（50mm/d）、11.574×10^{-5} cm/s（100mm/d）、23.148×10^{-5} cm/s（200mm/d）时的降雨入渗过程。图6.2.4给出了由式（6.2.7）～式（6.2.11）计算所得的曲线。如图6.2.4（a）所示刚开始降雨量（包括 EA 段的降雨）全部渗入 AB 段，降雨量和入渗量之差几乎为0。27000s（7.5h）时刻，边坡完全饱和，对应总入渗量为 311.3cm^2，与边坡 AB 总孔隙体积（$25 \times 50 \times 0.25 = 312.5\text{cm}^2$）几乎相同；此后因降雨量随时间增大而入渗量保持为常量，故降雨量和入渗量之差开始增大。如图6.2.4（b）所示当边坡未饱和时，EA 段的径流补给全部渗入 AB 段边坡；若不考虑径流补给，则入渗量仅为降雨量的一半。

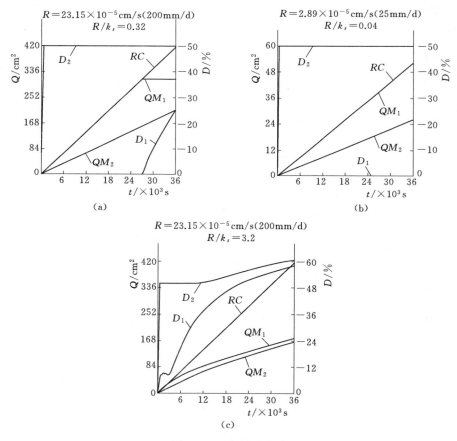

图 6.2.4 各统计曲线

另外本文还模拟了 $k_s = 7.22 \times 10^{-5}$ cm/s 时前述 4 种雨强下的入渗过程。由于此时土体渗透性小，当雨强相对较大（如 23.148×10^{-5} cm/s）时，则两种方法区别不大,如图 6.2.4（c）所示。因为即便有径流补给但土体入渗能力有限,坡表很快饱和,再多雨水也无法入渗。

图 6.2.5 为 36000s（10h）时刻边坡压力水头等值线对比。可见,考虑径流补给后,土体基质吸力降低更多,径流对入渗补给效果明显,意味着土体强度降低更多;特别是当雨强较大时［图 6.2.5（b）］,若考虑径流补给则边坡早在 27000s（7.5h）时就已完全饱和。当雨强相对渗透系数较大时,则两种方法区别不大［图 6.2.5（c）］。

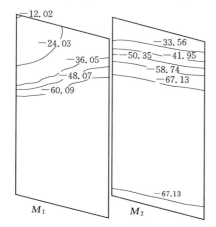

(a) $k_s=7.22\times10^{-4}$cm/s,$R=2.894\times10^{-5}$cm/s,
$T=36000$s

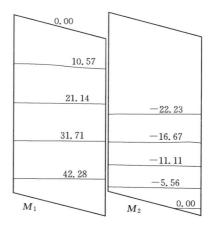

(b) $k_s=7.22\times10^{-4}$cm/s,$R=23.148\times10^{-5}$cm/s,
$T=36000$s

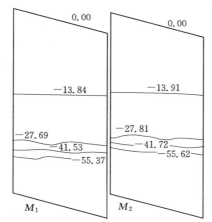

(c) $k_s=7.22\times10^{-5}$cm/s,$R=23.148\times10^{-5}$cm/s,
$T=36000$s

图 6.2.5　压力水头等值线对比图（单位:cm）

算例表明,本文方法比现有方法所得结果更加符合实际,容易推得当基岩边坡水平长度较大且岩土体渗透性相对雨强较大时，考虑径流补给尤其重要。

6.2.4 滑坡渗流数值模拟

本节模拟了三峡库区某一实际滑坡在 2006 年 10 月—2009 年 12 月间的渗流场演化过程，说明考虑径流补给的必要性。滑坡后缘高程约 270m，前缘高程约 125m，东西两侧以基岩山脊为界。平面形态呈矩形，剖面形态为前缓后陡的弧形，滑动面为岩土接触面；滑体南北向长度 300m，东西向宽度 400m，平均厚度约 25m，体积 300 万 m³。滑坡平面和剖面图分别如图 6.2.6、图 6.2.7 所示。物质组成如下：

（1）滑体：为碎块石土，灰褐色，碎、块石主要成分为砂岩、泥岩，块石块径一般小于 0.5m，碎石一般小于 5cm，土质为砂质粉土，土石比 5∶5～6∶4，滑体物质结构呈松散至稍密状态。

（2）滑床：为三叠系砂岩、泥岩，滑坡后缘滑床为切层，前缘（175m 水位以下）为顺层状，岩层产状倾向 60°，倾角 60°。

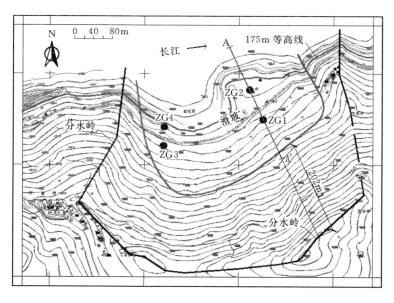

图 6.2.6 滑坡平面图

以如图 6.2.7 所示剖面为计算剖面。地勘报告给出的滑体饱和渗透系数 k_s 为 0.0002～0.004cm/s，属中低渗透性，与极细砂、纯砂和砂砾混合物渗透性相当。渗流模拟时取 $k_s = 0.0007$cm/s。非饱和渗透参数采用表 6.2.1 和表 6.2.2 数据。

滑坡体上共布设 4 个 GPS 变形监测点（图 6.2.7 中的 ZG1 - ZG4），自

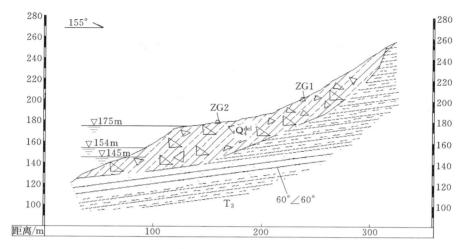

图 6.2.7　滑坡剖面图

2006 年 10 月至 2009 年 12 月的监测结果如图 6.2.8 所示。滑坡在 2007 年 7 月、2008 年 10 月和 2009 年 8 月出现较大变形，表明滑坡稳定性较差；此时为库水下降与强降雨时期，说明滑坡稳定性主要影响因素为库水下降和强降雨。

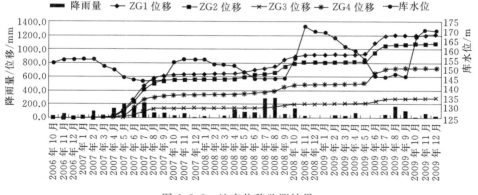

图 6.2.8　地表位移监测结果

　　渗流模拟的边界如图 6.2.9 所示。AB 为水头边界，BC 为降雨边界，ADC 为不透水边界。初始条件确定方法为：先按初始体积含水率 $\theta_0 = 0.2$，AB 段给定 154m 水位边界，其他为不透水边界，计算 540 天后的渗流场作为渗流模拟的初始渗流场。

　　图 6.2.10 为滑坡经历较大降雨后的压力水头等值线，其中 M_1 表示考虑径流补给的模拟结果；M_2 表示不考虑径流补给的模拟结果。

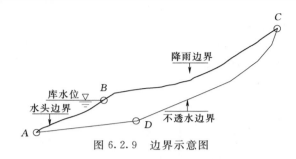

图 6.2.9 边界示意图

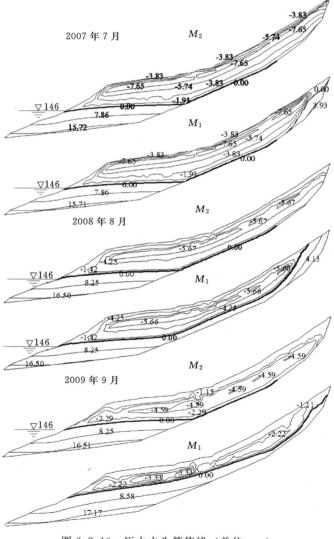

图 6.2.10 压力水头等值线（单位：m）

由图 6.2.10 可知，考虑径流补给与否对滑体后部渗流场影响较大。在径流补给下更多雨水渗入滑体，在滑体后部形成较大范围的饱和区域，抬高了地下水位，从而增大后部滑体的容重和产生顺坡向动水压力，使得下滑力增大；同时也降低了土体强度。这些都将加大滑坡变形，不利于稳定性。

6.3 考虑径流影响的三维简化模型

滑坡往往坐落于基岩之上，滑体位于地势较低处。降雨后形成的径流从各个方向向滑体汇流，因此构建三维模型模拟滑体降雨入渗过程更加符合实际情况。本节将基于 6.2 节的基本思路，将二维模型扩展到三维情形。三维简化模型主要是维数上的增加，其中主要需将径流补给从平面问题扩展到三维。本节阐述扩展的方法和思路，并采用简单算例验证三维模型的正确性。

6.3.1 径流补给流量确定

在进行滑体渗流数值模拟之前，将自分水岭起至滑体边界终的滑床表面进行网格划分，形成如图 6.3.1 所示的四边形曲面网格。

本节方法同样不考虑径流过程，只考虑径流流量的传递。由于忽略滑床的渗透性，降雨至其中任意一个四边形单元后，将受地形影响向周围单元径流，直至进入滑体。如图 6.3.2 所示，假设单位雨强单位时间内，单元 I 有降雨量 $Q_R = A$（$[L^3]$）向单元 II 补给 Q_{II}（$[L^3]$）和向单元 III 补给 Q_{III}（$[L^3]$），其中 A 为单元 I 水平投影面积（$[L^2]$）。则 Q_{II} 和 Q_{III} 确定方法如下：

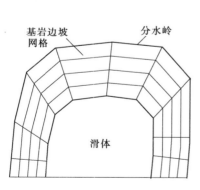

图 6.3.1　岩质边坡网格图
（水平投影）

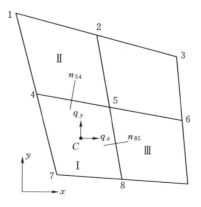

图 6.3.2　降雨水量补给量确定

设单元 I x、y 方向的单宽流量为 q_x（$[L^2]$）和 q_y（$[L^2]$），边 85 和边 54

的长度分别为 L_{85}（[L]）和 L_{54}（[L]）外法线方向，用向量表示为 n_{85}：（n_{85}^x，n_{85}^y）和 n_{54}：（n_{54}^x，n_{54}^y），则：

$$Q_{II} = (q_x n_{85}^x + q_y n_{85}^y) L_{85} \tag{6.3.1}$$

$$Q_{III} = (q_x n_{54}^x + q_y n_{54}^y) L_{54} \tag{6.3.2}$$

$$A = Q_{II} + Q_{III} \tag{6.3.3}$$

根据式（3），$q_x/q_y = s_x/s_y$，写为

$$q_x = (qs_x, 0), q_y = (0, qs_y) \tag{6.3.4}$$

式中：s_x、s_y 分别为单元形心处的 x、y 方向坡度。

如果 $q_x n_{85} < 0$，则表示 III 向 I 补给，反之则表示 I 向 III 补给。为方便，这里假定 I 向 II 和 III 补给。将式（6.3.3）代入式（6.3.1）并结合式（6.3.2）可得：

$$q = A / [(s_x n_{85}^x + s_y n_{85}^y) L_{85} + (s_x n_{54}^x + s_y n_{54}^y) L_{54}]$$

将 q 代回式（6.3.4），可得单元 I 向单元 II 和 III 的补给量。若单元 I 通过 1 条、3 条或 4 条边向周边补给，其补给量可类似得到。

当所有单元向周围补给量确定后，可以形成树（数据结构的一种）。每个单元看做节点，父节点为向其补给雨量的单元；子节点为受其补给的单元；补给量随同存储。可将该树先转为二叉树，然后确定每个节点向滑体的补给路径和补给量，从而确定滑体边界上受到的径流补给分布，如图 6.3.3 所示。关于二叉树路径遍历问题是常见算法，此处不再叙述。

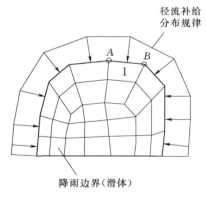

图 6.3.3 基岩径流补给分布平面图

在三维渗流分析中，计算域被剖分为八节点六面体网格，采用等参单元；降雨边界被剖分为四边形网格，如图 6.3.2 所示。确定径流补给在滑体边界上的分布规律后，即可对降雨边界流量进行修正。如图 6.3.3 中的单元 I，给定雨强后，除降雨流量外，该单元入渗流量还有来自 AB 边的径流补给量。

计算过程中，滑体降雨边界中的四边形也可能出现饱和情况（即 4 个节点水深均大于 0）。此时，将该单元 4 个节点视为水头边界，水头值等于地表高程；同时确定该单元向周边单元的补给，该单元所能提供的补给量等于其他饱和单元对其的径流补给量＋该单元降雨量－入渗量。本节用所求渗流场反算节点流量确定入渗量。

6.3.2　模型验证

本算例主要通过降雨总量和入渗总量的对比，来说明考虑径流补给的必要性，如图 6.3.4 所示，六面体 $BEFCGHIJ$ 为计算域，可代表滑体区域；$ABCD$ 为径流补给区域，可代表岩质边坡；所建有限元网格节点数 242，单元数 100。$BEFC$ 为降雨边界，持续 10h，$ABCD$ 有相同降雨；其他为不透水边界。初始体积含水率 0.1。土体的土水特征曲线及渗透性函数数据同表 6.2.1 和表 6.2.2。

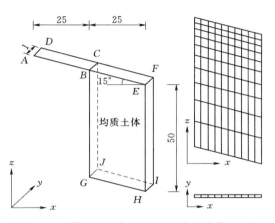

图 6.3.4　算例的几何尺寸及网格（单位：cm）

本文模拟时采用的雨强 R 和饱和渗透系数 k_s 见表 6.3.1。

表 6.3.1　　　　　　　　　雨强和饱和渗透系数一览表

序号	雨强 $R/(\times 10^{-5}\mathrm{cm/s})$	饱和渗透系数 $k_s/(\times 10^{-5}\mathrm{cm/s})$	R/k_s
1	2.894	72.2	0.04
2	5.787	72.2	0.08
3	11.574	72.2	0.16
4	23.148	72.2	0.32
5	2.894	7.22	0.4
6	5.787	7.22	0.8
7	11.574	7.22	1.6
8	23.148	7.22	3.2

图 6.3.5 给出了由式（6.2.7）～式（6.2.11）计算所得的曲线，图中雨强后括号中的数字表示换算成 mm/d 后的大小，如 $R = 2.894 \times 10^{-5}\,\mathrm{cm/s}$ 等于 $R = 25\mathrm{mm/d}$。如图 6.3.5（a）所示刚开始降雨量（包括 $ABCD$ 段的降雨）全

部渗入 *BCFE* 段，降雨量和入渗量之差几乎为 0。7.5h 时刻，边坡完全饱和，*ABCD* 段边坡的径流无法渗入滑体，对应总入渗量为 311.3cm³，与边坡 *BCFE* 总孔隙体积（25×50×0.25×1＝312.5cm³）几乎相同；此后因降雨量随时间增大而入渗量保持为常量，故降雨量和入渗量之差开始增大。如图 6.3.5（b）所示，当边坡未饱和时，径流补给全部渗入 *BCFE* 段边坡；若不考虑径流补给，则所得入渗量与降雨量差一倍。该三维算例由 6.2.3 节二维算例延伸单位宽度而来（图 6.3.4 和图 6.2.3），因此图 6.3.5 与图 6.2.4 是相同的。

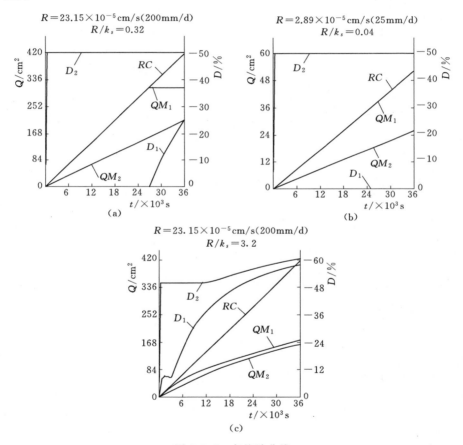

图 6.3.5　各统计曲线

当 $k_s = 7.22 \times 10^{-5}$ cm/s 时，由于此时土体渗透性小，而雨强相对较大（如 23.148×10⁻⁵cm/s）时，则两种方法区别不大，如图 6.3.5（c）所示。因为即便有径流补给但土体入渗能力有限，坡表很快饱和，再多雨水也无法入渗。

6.4 考虑径流影响的二维同步求解模型

为考虑边坡降雨时的径流过程，本节在同步求解模型的基础上，对入渗边界流量进行了修正。考虑径流影响时，只需在同步求解模型基础上，根据径流水深修正补给流量即可。本节着重阐述考虑径流补给流量的确定方法，并采用简单算例验证所建模型的正确性。然后将模型应用到实际滑坡渗流模拟中。

6.4.1 基本理论

各向同性且不考虑源汇项的 Richards 方程的有限元求解模型如下式：

$$[S]([\phi]^{t+1}-[\phi]^t)/\Delta t+[D][\phi]^{t+1}=[q] \qquad (6.4.1)$$

式中：$[S]$、$[D]$ 矩阵分别由单元矩阵 $[S_e]$ 和 $[D_e]$ 叠加而成，矩阵 $[S_e]$ 的

元素 $s_{ij}=\dfrac{\displaystyle\int CN_iN_j\,de}{\Delta t}$ ， $[D_e]$ 的元素 $d_{ij}=\displaystyle\int K\left(\dfrac{\partial N_i}{\partial x}\dfrac{\partial N_j}{\partial x}+\dfrac{\partial N_i}{\partial y}\dfrac{\partial N_j}{\partial y}\right)de$ ；

$[\phi_e]^{t+1}$、$[\phi_e]^t$ 分别为 $t+1$、t 时刻的节点水头向量；$[q_e]$ 的元素 $f_i=\displaystyle\int N_j\bar{q}\,de$ 。

坡面径流过程采用运动波模型描述，其特征有限元格式为

$$[A]\{h^k\}=[B]\{\bar{h}^{k-1}\}+\{F\} \qquad (6.4.2)$$

其中，矩阵 $[A]$ 和 $[B]$ 中的元素分别为 $a_{ij}=b_{ij}=\displaystyle\int N_iN_j\,dx/\Delta t$ ，向量

$\{F\}$ 中的元素为 $f_i=\displaystyle\int q_eN_j\,dl$ 。

6.4.2 径流补给流量及模型的构建

如图 6.4.1 所示，边坡表面共有 N 条边，从高到低依次编号为 E_1，…，E_N。第 i 个边记为 E_i，其节点号为 j、k。假设在某时刻，边 E_1，…，E_{i-1} 已饱和产流，而边 E_i 未饱和。由于径流将流入边 E_i，因此做如下简化，将该径流流量平均施加在边 E_i 上。将该流量用 q_{si} 表示，按下式计算：

$$q_{si}=\frac{q_j}{L_{jk}}=\left(\frac{1}{n_{\mathrm{man}}}\sqrt{\sin\alpha}\,h_j^{5/3}\right)/L_{jk} \qquad (6.4.3)$$

式中：q_j 为沿坡面向下的单宽流量；h_j 为节点 j 处的水深；L_{jk} 为边 E_i 的水平长度。

基于第 5 章构建三维同步求解模型的思路，结合式（6.4.1）和式（6.4.2）以及降雨边界流量的修正后，可构建考虑径流流量补给的二维同步求解模型如下：

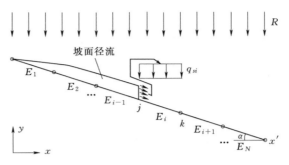

图 6.4.1　流量边界修正示意图

$$\left([D]+\frac{[S]}{\Delta t}+\frac{[A]}{\Delta t}\right)\{H\}_{t+\Delta t}=\frac{[B]}{\Delta t}\{\overline{h}\}_t+\frac{[S]}{\Delta t}\{H\}_t+\int R\cos\alpha\,\mathrm{d}\Gamma+\int_{E_i}q_{si}\,\mathrm{d}x$$

$$(6.4.4)$$

6.4.3　数值算例

本节算例同样通过降雨总量和入渗总量的对比，来说明考虑径流补给的必要性。如图 6.4.2 所示，计算域为 AB-CFED 所示的平行四边形；所建有限元网格节点数 441，单元数 200。ABC 为降雨边界，持续 10h，ABCD 有相同降雨；其他为不透水边界。初始体积含水率 0.1。土体的土水特征曲线及渗透性函数数据同表 6.2.1 和表 6.2.2，材料 1 的饱和渗透系为 10^{-7} cm/s，材料 2 的饱和渗透系为 10^{-4} cm/s。

图 6.4.3 给出了由式（6.2.7）～式（6.2.11）计算所得的曲线；图 6.4.4 给

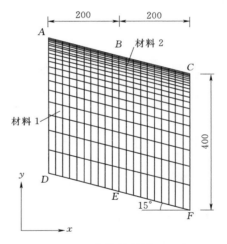

图 6.4.2　数值算例模型尺寸及有限元网格（单位：cm）

出了孔隙水压力等值线图。通过这些统计曲线和等值线图的对比，可以得到和 6.2.3 节相同的结论，即当上段边坡渗透性远小于下段边坡时，对于正确模拟渗流场而言，考虑径流流量的补给十分重要。

6.4.4　滑坡渗流数值模拟

本节采用考虑径流影响的同步求解模型对 6.2.4 节的滑坡渗流场进行了模拟，并与不考虑径流影响的简化模型进行了对比。计算参数与 6.2.4 节相同。本节模拟所用的有限元网格和边界条件如图 6.4.5 所示。滑体孔隙水压力等值线如图 6.4.6 所示，通过对比可以发现当考虑径流补给时，滑体后缘饱和区明显增多，对滑坡稳定性极为不利，说明考虑径流补给十分必要。

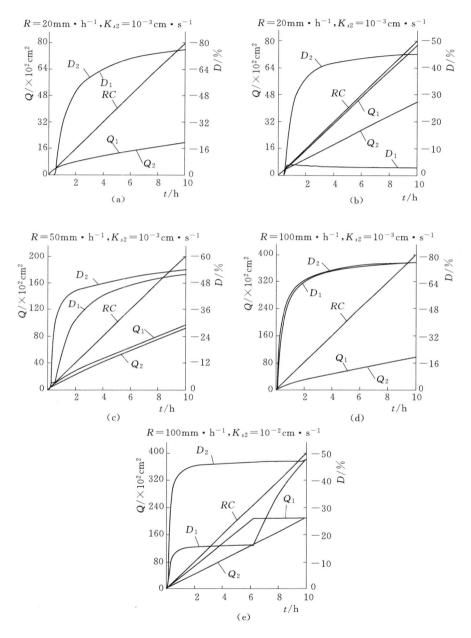

图 6.4.3　不同工况下的统计曲线对比

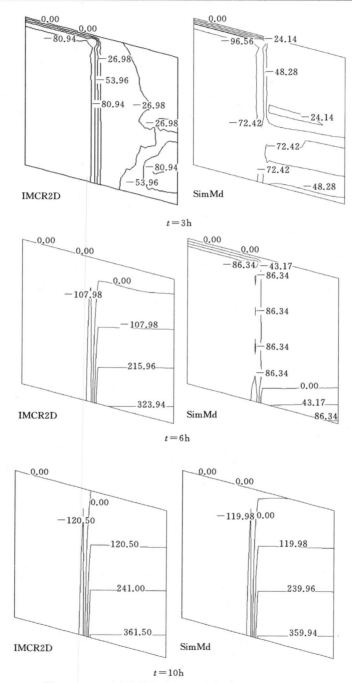

图 6.4.4　不同时刻孔隙水压力等值线（单位：cm）

注：IMCR2D 为本节方法；SimMd 为不考虑径流影响的简化方法。

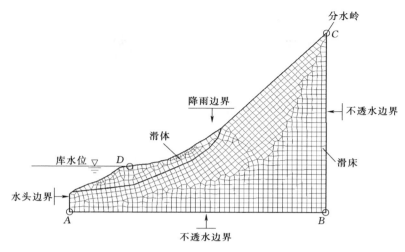

图 6.4.5　滑坡有限元网格和边界条件

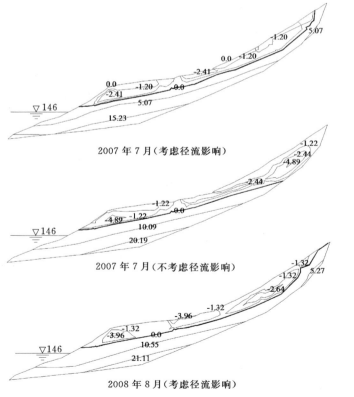

图 6.4.6（一）　滑坡孔隙水压力等值线（单位：m）

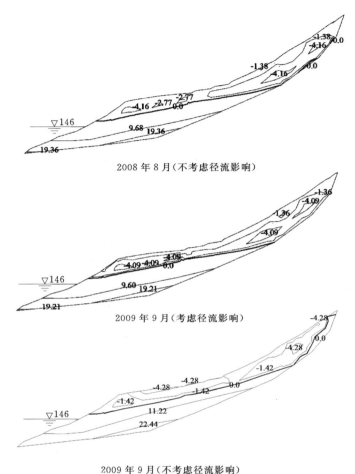

2008 年 8 月(不考虑径流影响)

2009 年 9 月(考虑径流影响)

2009 年 9 月(不考虑径流影响)

图 6.4.6(二) 滑坡孔隙水压力等值线(单位：m)

6.5 考虑径流影响的三维同步求解模型

6.5.1 模型构建

1. 基本理论

本节数值模型仍采用 Richards 方程描述坡体非饱和渗流过程，运动波模型描述坡面径流过程。方便起见，主要理论和方程简述如下：

$$C(h_s)\frac{\partial h_s}{\partial t} - \frac{\partial}{\partial x}\left(K\,\frac{\partial H}{\partial x}\right) - \frac{\partial}{\partial y}\left(K\,\frac{\partial H}{\partial y}\right) - \frac{\partial}{\partial z}\left(K\,\frac{\partial H}{\partial z}\right) = 0 \qquad (6.5.1)$$

其中 $\qquad C=\partial\theta/\partial h_s \quad K=K_rK_s \quad H=z+h_s$

式中：C 为容水度，$[\mathrm{L}^{-1}]$；θ 为体积含水率，h_s 为压力水头（$[\mathrm{L}]$）；H 为总水头，$[\mathrm{L}]$；z 为位置水头（$[\mathrm{L}]$）；t 为时间，$[\mathrm{T}]$；K 为渗透系数，$[\mathrm{L/T}]$，K_r 为相对渗透系数，K_s 为饱和渗透系数（$[\mathrm{L/T}]$）；x、y、z 为空间坐标，$[\mathrm{L}]$，z 轴竖直向上为正。

初始条件为

$$H(x,y,z,0)=H_0(x,y,z) \tag{6.5.2}$$

简单起见，边界条件只考虑降雨入渗边界 S。

在未产流边界 S_1 上：

$$K\frac{\partial H}{\partial x}\cos(n_b,x)+K\frac{\partial H}{\partial y}\cos(n_b,y)+K\frac{\partial H}{\partial z}\cos(n_b,z)=R\cos(n_b,z)$$

$$\tag{6.5.3}$$

在产流边界 S_2 上：

$$K\frac{\partial H}{\partial x}\cos(n_b,x)+K\frac{\partial H}{\partial y}\cos(n_b,y)+K\frac{\partial H}{\partial z}\cos(n_b,z)=I \tag{6.5.4}$$

式中：H_0 为已知函数；R 为降雨强度，$[\mathrm{L/T}]$；n_b 为坡表内法线方向；I 为入渗率，$[\mathrm{L/T}]$；$S=S_1\bigcup S_2$；$S_1\bigcap S_2=$ 空集。

运动波模型的控制方程如下：

$$\frac{\partial h}{\partial t}+\frac{\partial q_{sx'}}{\partial x'}+\frac{\partial q_{sy'}}{\partial y'}=q_n \tag{6.5.5}$$

式中：h 为垂直于坡面方向的水深，$[\mathrm{L}]$；x'、y' 为位于坡面的坐标系；$q_n=R\cos(n_b,z)-I$ 为净雨率，$[\mathrm{L/T}]$；$q_{sx'}$、$q_{sy'}$ 分别为 x'、y' 方向的单宽流量，$[\mathrm{L^2/T}]$，由式（6.5.6）计算：

$$q_{sx'}=C_1h^{5/3};q_{sy'}=C_2h^{5/3} \tag{6.5.6}$$

式中：$C_1=\dfrac{S_{f,x'}}{n_{\mathrm{man}}\sqrt{S_f}}$；$C_2=\dfrac{S_{f,y'}}{n_{\mathrm{man}}\sqrt{S_f}}$；$n_{\mathrm{man}}$ 为曼宁系数，$[\mathrm{TL}^{-1/3}]$；S_f 为坡度；$S_{f,x'}$、$S_{f,y'}$ 分别为其在 x'、y' 方向的分量。

通常可认为初始时刻坡面无径流；边界条件为径流上游边界（分水岭处）水深一直为 0。

2. 运动波方程的特征有限元格式

运动波方程的特征有限元离散格式推导如下。式（6.5.6）可写成：

$$\begin{cases} \dfrac{\partial q_{sx'}}{\partial x'}=\dfrac{\partial q_{sx'}}{\partial h}\dfrac{\partial h}{\partial x'}=\dfrac{5}{3}C_1h^{\frac{2}{3}}\dfrac{\partial h}{\partial x'} \\[3mm] \dfrac{\partial q_{sy'}}{\partial y'}=\dfrac{\partial q_{sy'}}{\partial h}\dfrac{\partial h}{\partial y'}=\dfrac{5}{3}C_2h^{\frac{2}{3}}\dfrac{\partial h}{\partial y'} \end{cases} \tag{6.5.7}$$

令 $v_x = \dfrac{5}{3}C_1 h^{2/3}$，$v_y = \dfrac{5}{3}C_2 h^{2/3}$ 并将式（6.5.7）代入式（6.5.5）：

$$\frac{\partial h}{\partial t} + v_x \frac{\partial h}{\partial x'} + v_y \frac{\partial h}{\partial y'} = q_n \tag{6.5.8}$$

令 $\psi(x',y',t) = (1 + v_x^2 + v_y^2)^{1/2}$，且记：

$$\frac{\partial}{\partial \tau(x',y')} = \frac{1}{\psi(x',y',t)}\frac{\partial}{\partial t} + \frac{v_x}{\psi(x',y',t)}\frac{\partial}{\partial x'} + \frac{v_y}{\psi(x',y',t)}\frac{\partial}{\partial y'}$$

式（6.5.8）变为

$$\psi(x',y')\frac{\partial h}{\partial \tau} - q_n = 0 \tag{6.5.9}$$

设 t^k 是时间的第 k 层，$h = \sum N_i h_i$。式（6.5.9）的加权余量格式为

$$\int \left[\psi(x',y')\frac{\partial h}{\partial \tau} - q_n\right]N_j \mathrm{d}S_2 = 0 \tag{6.5.10}$$

其中

$$\psi(x',y')\frac{\partial h}{\partial \tau} = \psi(x',y',t^k)\frac{\partial h^k}{\partial \tau}$$

$$\approx \psi(x',y',t^k)\frac{h(x',y',t^k) - h(\overline{x}',\overline{y}',t^{k-1})}{[(x'-\overline{x}')^2 + (y'-\overline{y}')^2 + (t^k-t^{k-1})^2]^{1/2}}$$

根据中值定理，$\overline{x}' = x' - v_x(t^k - t^{k-1})$，$\overline{y}' = y' - v_y(t^k - t^{k-1})$，设 $\Delta t = t^k - t^{k-1}$ 则有

$$\psi(x',y',t^k)\frac{h(x',y',t^k) - h(\overline{x}',\overline{y}',t^{k-1})}{[(x'-\overline{x}')^2 + (y'-\overline{y}')^2 + (t^k-t^{k-1})^2]^{1/2}}$$

$$= \psi(x',y',t^k)\frac{h(x',y',t^k) - h(\overline{x}',\overline{y}',t^{k-1})}{(v_x^2 + v_y^2 + 1)^{1/2}\Delta t}$$

因 $\psi(x',y',t) = (1 + v_x^2 + v_y^2)^{1/2}$，所以：

$$\psi(x',y',t)\frac{\partial h}{\partial \tau} = \frac{h(x',y',t^k) - h(\overline{x}',\overline{y}',t^{k-1})}{\Delta t} \tag{6.5.11}$$

$h(\overline{x}',\overline{y}',t^{k-1})$ 表示在 $k-1$ 层时间处 (x',y') 的水深。其中 $\overline{x}' = x' - v_x \Delta t$，$\overline{y}' = y' - v_y \Delta t$。当 $(\overline{x}',\overline{y}') \in S_e$，$h(\overline{x}',\overline{y}',t^{k-1})$ 可线性插值确定：

$$h(\overline{x}',\overline{y}',t^{k-1}) = \sum N_i h_i^{k-1} = \sum N_i h(x_i',y_i',t^{k-1}) \tag{6.5.12}$$

将式（6.5.11）和式（6.5.12）代入式（6.5.10）并写成矩阵形式：

$$\frac{[A]}{\Delta t}\{h^k\} = \frac{[A]}{\Delta t}\{\overline{h}^{k-1}\} + \{F\} \tag{6.5.13}$$

式中：$[A]$ 的元素 $a_{ij} = \int N_i N_j \mathrm{d}S_2$；$\{F\}$ 的元素 $f_i = \int [R\cos(n_b,z) - I]N_i \mathrm{d}S_2$。

由于 $H = h_s + z$，而 h_s 近似等于 h，则式（6.5.13）可写成：

$$\frac{[A]}{\Delta t}\{H\}_{t+\Delta t}=\frac{[A]}{\Delta t}\{\overline{h}\}_t+\{F\} \qquad (6.5.14)$$

3. 模型构建

Richards 方程的有限元格式为

$$[D]\{H\}+[S]\left\{\frac{\partial H}{\partial t}\right\}=\{P\} \qquad (6.5.15)$$

式中：$[D]$、$[S]$、$\{P\}$ 分别由相应单元矩阵 $[D]^e$、$[S]^e$、$\{P\}^e$ 集成而得。

各单元矩阵的元素分别为：$d_{ij}=\iint[B_i]^T[K][B_j]\mathrm{d}\Omega$，$[K]$ 为渗透系数矩阵，对于各向同性问题，$[K]=diag(K,K,K)$；$[B_i]=[\partial N_i/\partial x,\partial N_i/\partial y,\partial N_i/\partial z]$，$N_i$ 为形函数；$s_{ij}=\delta_{ij}\iint CN_i\mathrm{d}\Omega$，$\delta_{ij}$ 是 Kronecker delta 函数；$p_i=\int N_i R\cos(n_b,z)\mathrm{d}S_1$ 或 $p_i=\int N_i I\mathrm{d}S_2$。其中，为消除数值震荡，$s_{ij}$ 的计算采用集中质量模式。

本节采用有限元离散渗流控制方程；采用特征有限元离散坡面径流控制方程。只对渗流计算域划分网格；径流计算网格用渗流网格的坡表部分；两场采用相同的空间离散。以如图 6.5.1 所示的一个单元为例，渗流网格单元为 12345678，则径流网格单元为 1234。同时，两场也采用相同的时间离散。当坡面产流后，由于坡度较缓，垂直水深近似等于竖直水深，即式（6.5.1）中的 h_s 近似等于式（6.5.5）中的 h。因此，渗流场中坡表节点与径流场中相同位置的节点在同一时刻具有相同水深，例如节点 1、2、3、4 等。

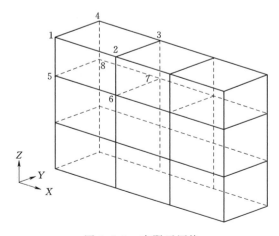

图 6.5.1　有限元网格

将式（6.5.14）和式（6.5.15）等号两边对应相加：

$$\left([D]+\frac{[S]}{\Delta t}+\frac{[A]}{\Delta t}\right)\{H\}_{t+\Delta t}=\frac{[A]}{\Delta t}\{\bar{h}\}_t+\frac{[S]}{\Delta t}\{H\}_t+\int R\cos(n_b,z)N_i\mathrm{d}S_1$$
$$+\int[R\cos(n_b,z)-I]N_i\mathrm{d}S_2+\int IN_i\mathrm{d}S_2$$

$$(6.5.16)$$

进一步化简为

$$\left([D]+\frac{[S]}{\Delta t}+\frac{[A]}{\Delta t}\right)\{H\}_{t+\Delta t}=\frac{[A]}{\Delta t}\{\bar{h}\}_t+\frac{[S]}{\Delta t}\{H\}_t+\int R\cos(n_b,z)N_i\mathrm{d}S$$

$$(6.5.17)$$

式 (6.5.17) 即为联合求解模型的有限元格式。矩阵 $[A]$ 只在产流的坡表单元上才不为 0。

为减少 $t+\Delta t$ 时步内迭代次数，根据 Phoon[1]等的建议，每时步内第 k 次迭代时的相对渗透系数 $K_{r,t+\Delta t}^{k}$ 按式 (6.5.18) 计算：

$$K_{r,t+\Delta t}^{k}=K_r\left(\frac{h_{t+\Delta t}^{k}+h_{t+\Delta t}^{k-1}}{2}\right) \qquad (6.5.18)$$

式中：$h_{t+\Delta t}^{k}$、$h_{t+\Delta t}^{k-1}$ 分别为时步内当前水头（第 k 次迭代）和上次水头（第 $k-1$ 次迭代）。

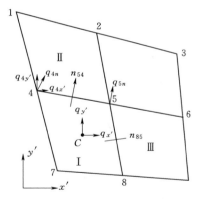

图 6.5.2 补给流量的确定

为考虑径流影响，还需对式 (6.5.18) 的降雨边界进行流量修正。如图 6.5.2 所示，坡面被离散为四边形单元。用 h_1、h_2、h_4、h_5、h_7 和 h_8 分别表示节点 1、2、4、5、7 和 8 的水深。假设此时 h_1 和 h_2 为负值，而 h_4、h_5、h_7 和 h_8 为正；即单元 I 产流，而单元 II 未产流。此时，对单元 II 而言，边界入渗流量将包括降雨和邻近产流单元的径流补给两部分（如单元 I）。此处以单元 I 为例说明径流补给流量的确定方法。

首先根据节点水深由式 (6.5.6) 确定节点流量。例如节点 4 沿 x' 方向、y' 方向流量，分别用 $q_{4x'}$ 和 $q_{4y'}$ 表示；节点 5 的两个流量分量也可同样确定。则单元 I 经边 45 流向单元 II 的水量随之确定。单元 II 的其他临近的产流单元也类似确定补给流量，设单元 II 的总补给流量为 Q_a，则单位面积补给流量为 q_a 按式 (6.5.19) 计算：

$$q_a=Q_a/S_{II} \qquad (6.5.19)$$

式中：S_{II} 为单元 II 的水平投影面积，$[L^2]$。

单元 II 的边界流量积分项 $\int R\cos(n_b,z)N_i\mathrm{d}S$（式 6.5.17 右端最后一项）

应修正为：$\int (R + q_a) N_i \mathrm{d}S_{\mathrm{II}}$。

计算时，每个时步内先通过式（6.5.17）计算渗流和径流场，然后根据径流结果按式（6.5.19）计算补给流量修正边界条件后再次计算，直到前后两次结果充分接近后再进入下一时步。

下面不再阐述考虑径流影响的必要性，而只对构建的三维模型进行验证。

6.5.2　模型验证

采用参考文献［2］中的试验结果以及参考文献［3］所建数值方法来验证本节模型的正确性。试验装置如图 6.5.3 所示，T1－T13 为土壤水势监测点，出流口 1、2 分别收集地下与地表的出流量。试验过程为先将土壤完全饱和后放置 24h，开始降雨过程；第一次降雨持续 45min，雨强 0.69cm/min，第一次降雨完成后放置 60min；再进行第二次降雨 30min，雨强 0.69cm/min。AD、DC 为不透水边界；BC 为排水边界；AB 为降雨边界。

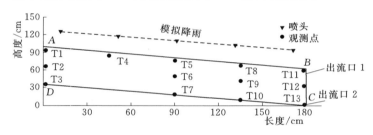

图 6.5.3　试验装置示意图

数值模拟时，初始条件的确定方法为：将 AB、AD、DC 视为不透水边界；BC 为排水边界；按土体饱和计算 24h 后的结果作为初始条件。排水边界的处理方式为：将 BC 边上所有节点（除 B 点）作为可能的排水节点，计算过程中如果这些节点压力水头大于 0，则设为定水头边界，水头值等于高度。由于 B 点同时也是坡面径流计算域，当该点压力水头大于 0 时，表明径流发生，如果引入定水头边界，会导致径流计算错误，所以不作为可能的排水节点。计算结果表明，这样处理不会引起太大误差。计算参数见表 6.5.1。

表 6.5.1　　数 值 模 拟 参 数

参数	$K_s/(\mathrm{cm/min})$	θ_r	θ_s	m	a/cm^{-1}	$n_{\mathrm{man}}/(\mathrm{min} \cdot \mathrm{cm}^{1/3})$
取值	1.28	0.024	0.33	5.00	0.05	0.001224

将本文方法所得各测点压力水头与试验结果、参考文献［2］计算结果（整体法）进行对比，部分成果如图 6.5.4 所示。

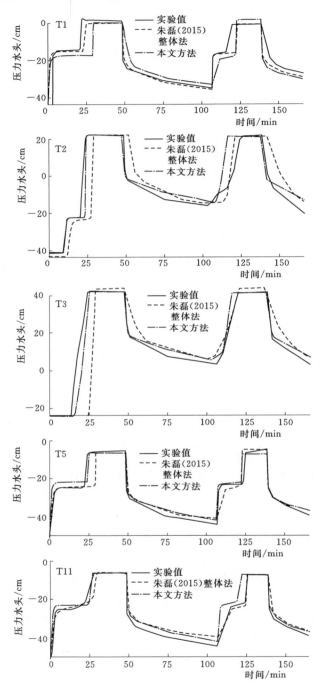

图 6.5.4 压力水头结果对比

由图 6.5.4 可知，虽然本文方法结果与试验结果存在一定差异：如在第一次降雨结束后，模拟所得压力水头较试验结果偏高；又如第二次降雨压力水头上升得更早等。但本文结果与实验和参考文献［3］结果基本相符，反映的规律相同。

图 6.5.5 为沿坡底各点压力水头的实验值和模拟值。需说明的是，测点 T13 的压力水头模拟结果一直为 0（水一直未排干）；实验结果虽然不为 0，最高为 10cm 左右，但也接近饱和。因此该测点结果未在图上给出。总体来讲，虽然模拟结果较实验值滞后且压力水头增加得更迅速，但也反映出了湿润锋从坡底下侧向坡底上侧推进的过程。

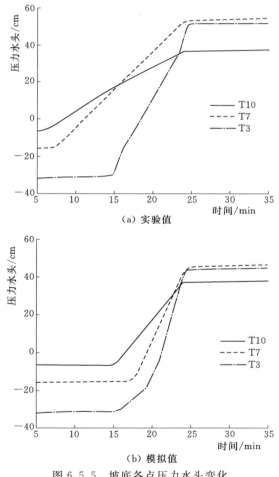

（a）实验值

（b）模拟值

图 6.5.5　坡底各点压力水头变化

图 6.5.6 为径流量和排水结果对比，表明本文方法结果与参考文献［2］

基本一致，与实验结果也基本相符。

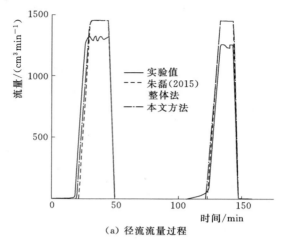

（a）径流流量过程

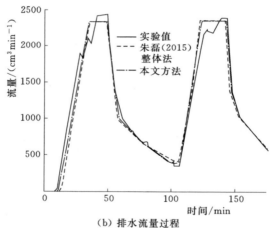

（b）排水流量过程

图 6.5.6　流量过程对比

参　考　文　献

［1］ PHOON K K，TAN T S，CHONG P C. Numerical simulation of Richards equation in partially saturated porous media：under - relaxation and mass balance ［J］. Geotechnical and geological engineering，2007，25（5）：525 - 541.

［2］ PHI S，CLARKE W，LI L. Laboratory and numerical investigations of hillslope soil saturation development and runoff generation over rainfall events ［J］. Journal of hydrology，2013，493：1 - 15.

［3］ 朱磊，田军仓，孙骁磊. 基于全耦合的地表径流与土壤水分运动数值模拟 ［J］. 水科学进展，2015，26（3）：322 - 330.